海外中国公民权益维护机制研究

陈奕平 等 著

Research on
the Mechanisms for Safeguarding the
Interests of Overseas Chinese Citizens

当代世界出版社
THE CONTEMPORARY WORLD PRESS

图书在版编目（CIP）数据

海外中国公民权益维护机制研究／陈奕平等著.
北京：当代世界出版社，2025.6. -- ISBN 978-7-5090-
1873-6

Ⅰ.X956

中国国家版本馆 CIP 数据核字第 20242DJ750 号

书　　名：海外中国公民权益维护机制研究
作　　者：陈奕平 等著
出 品 人：李双伍
策划编辑：刘娟娟
责任编辑：刘娟娟　姜松秀
出版发行：当代世界出版社
地　　址：北京市东城区地安门东大街 70-9 号
邮　　编：100009
邮　　箱：ddsjchubanshe@163.com
编务电话：(010) 83907528
　　　　　(010) 83908410 转 804
发行电话：(010) 83908410 转 812
传　　真：(010) 83908410 转 806
经　　销：新华书店
印　　刷：北京新华印刷有限公司
开　　本：710 毫米×1000 毫米　1/16
印　　张：15.5
字　　数：209 千字
版　　次：2025 年 6 月第 1 版
印　　次：2025 年 6 月第 1 次
书　　号：ISBN 978-7-5090-1873-6
定　　价：78.00 元

本书出版获"暨南社科高峰文库"项目资助

目　录

绪　论 / 1

第一章　海外中国公民权益维护的形势与挑战 / 23

第一节　海外中国公民权益维护的现状与特点 / 23

第二节　从中国外交部的"安全提醒"看海外中国公民权益维护的
　　　　形势和挑战 / 36

第三节　新冠疫情期间海外中国公民面临的风险 / 43

本章小结 / 45

第二章　海外中国公民权益维护的领事机制 / 46

第一节　海外中国公民权益领事保护的"中国方案" / 46

第二节　新冠疫情期间中国领事保护的机制评析 / 56

本章小结 / 65

第三章　海外中国公民权益维护的应急机制 / 66

第一节　海外中国公民权益维护应急机制的现状 / 66

第二节　海外公民权益维护应急机制的国际经验 / 83

第三节　完善海外中国公民权益维护应急机制的对策建议 / 112

本章小结 / 121

第四章　海外中国公民权益维护的法制机制 / 122

第一节　海外公民权益维护的法制基础 / 122

第二节　海外中国公民权益维护的法制机制 / 134

第三节　完善海外中国公民权益维护法制机制的对策建议 / 146

本章小结 / 151

第五章　海外中国公民权益维护的私营安保机制 / 152

第一节　国际私营安保市场现状及其治理架构 / 152

第二节　当前中国私营安保公司的服务模式和存在的问题 / 157

第三节　中国私营安保公司的作用和完善私营安保机制的对策
　　　　建议 / 164

本章小结 / 168

第六章　海外中国劳工保护的现状和困境 / 169

第一节　保护海外中国劳工的必要性与重要性 / 170

第二节　新中国海外劳工保护的历程和现状 / 175

第三节　海外中国劳工保护的困境与不足 / 179

第四节　完善海外中国劳工保护实践的对策建议 / 182

本章小结 / 185

第七章　海外中国留学生的领事保护实践探析 / 186

第一节　海外中国留学生的领事保护实践 / 186

第二节　海外中国留学生领事保护工作的成效 / 194

第三节　完善海外中国留学生领事保护实践的对策建议 / 201

本章小结 / 206

结　语 / 207

附录一　《中华人民共和国领事保护与协助条例》/ 212

附录二　《关于加强境外中资企业机构与人员安全保护工作的
　　　　　意见》／218

参考文献／224

后　记／237

绪　论

　　随着中国改革开放的推进，尤其是共建"一带一路"倡议的实施，中国公民、法人融入全球的进程正在加速，但21世纪以来，国际环境走势复杂、多变，全球经济增长乏力，地缘政治博弈加剧，种族纠纷和宗教冲突多发，极大地影响了海外中国公民和法人权益的维护。中国政府明确提出要依法维护中国公民和法人在海外的正当权益及海外侨胞权益，并出台了一些制度性变革举措，采取了不少重大撤侨、护侨行动。然而，当前海外中国公民权益维护仍然存在一些问题和短板，具体体现在制度设计、组织协调、国际合作和保护意识等方面。

一、海外中国公民权益是中国海外权益的重要组成部分

　　近年来，国内外学术界围绕中国海外权益进行了大量的探讨，产生了不少有关国家海外权益的研究成果。[①] 但总体上看，围绕中国海外权益保障体系和维护机制的研究成果却不多见，这与近些年来中国国

---

　　① 阎学通：《中国国家利益分析》，天津：天津人民出版社，1997年版；汪段泳：《海外利益实现与保护的国家差异——一项文献综述》，载《国际观察》，2009年第2期，第29—37页；张曙光：《国家海外利益风险的外交管理》，载《世界经济与政治》，2009年第8期，第6—12页；唐昊：《关于中国海外利益保护的战略思考》，载《现代国际关系》，2011年第6期，第1—8页；William M. Franklin, *Protection of Foreign Interests: A Study in Diplomatic and Consular Practice*, New York: Greenwood Press, 1969; Stephen D. Krasner, *Defending The National Interest: Raw Materials Investments and U. S. Foreign Policy*, Princeton: Princeton University Press, 1978; Joseph S. Nye Jr., "Redefining the National Interest", *Foreign Affairs*, Vol. 78, No. 4, 1999, pp. 22-35。

家利益的演变以及对其的认识有一定关系。

（一）国家利益的内涵及特征

国家利益是"一个民族国家生存和发展的总体利益，包括一切能满足民族国家全体人民物质与精神需要的东西"。① 具体地讲，国家利益是那些满足国家生存和发展的需要并且对国家在整体上具有益处的事物，它反映这个国家全体国民及各种利益团体的需求及兴趣，包括物质层面的国家领土完整与经济繁荣发展，也包括非物质层面的国家荣誉、国际地位、认同与尊重等。国家利益的内容及形式随着客观条件的变化而变化，同时深受国内及国外因素的制约。国家利益作为客观存在，我们对它的认识如同对其他客观事物的认识一样，是一个从模糊到清晰、从片面到全面、从偏差到准确、由表面到深化、从直观到科学的过程。

对国家利益的维护和追求是国家的基本职能。对国家利益的判断与认识，是所有现代民族国家制定国内外政策的基本出发点。如何认识和判断国家利益，深刻影响着一个国家对本国利益的维护和拓展。新中国成立70多年来，中国在认识和实践国家利益上有许多宝贵的经验和深刻的教训。在新的历史时期，以多维的视角解读国家利益，对科学理解和更有效地维护中国国家利益，具有重要的理论与现实意义。

1. 国家利益的界定

汉语语境中，"国家利益"有两重涵义。一个涵义是国内政治范畴的"国家利益"，指的是统治阶级的利益或者政府所代表的全国性利益。另一个涵义是国际关系范畴的"国家利益"，指在国际交往中作为整体的民族国家的利益。周恩来在1949年曾说："在没有发生战争和破坏的时候，对内对外都要进行保卫国家利益的工作，对内就不说了，对外而言，外交就成了第一线工作。"② 这里所说的"国家利益"，就包

---

① 阎学通:《中国国家利益分析》,天津:天津人民出版社,1997年版,第10页。
② 周恩来:《周恩来外交文选》,北京:中央文献出版社,1990年版,第2页。

含上面所说的双重含义。1989 年，邓小平在会见美国前总统尼克松时指出："我们都是以自己的国家利益为最高准则来谈问题和处理问题的。在这样的大问题上，我们都是现实的，尊重对方的，胸襟开阔的。"① 邓小平在这里所讲的"国家利益"则是指国际关系范畴中的国家利益。

值得注意的是，汉语中"国家利益"的双重概念，容易使人将国际关系范畴中的"国家利益"与国内政治中的"国家利益"混为一谈。国内政治中的"国家"是由统治阶级进行阶级统治的工具，它的利益与统治阶级的利益相一致，具有阶级性。国际关系中的"国家"是指包括领土、人口、政府、文化、经济生活、国际承认等诸要素在内的国际政治行为体。现代民族国家形成后，"国家"被定义为"民族国家"，相应的，国际关系中的"国家利益"即指一个民族国家的整体利益。民族国家的整体利益是由统治阶级和被统治阶级共同享有的。例如，民族生存是一个国家首要的国家利益，这一利益在不同政治制度的国家、在国家内部不同阶级之间都是一致的，抵御外国入侵不仅保护了统治阶级的生存，也保护了被统治阶级的生存。因此，在国际政治中，国家利益是超越阶级的全民族的利益。

在西方学术界，国际关系主流理论对国家利益的认识和阐述主要以权力和利益为核心。西方学者普遍承认，国家利益是一个国家对外行动的内在基本动因。汉斯·摩根索认为，国家利益是一个政治实体本身的生存。他在《政治学的困境》中写道："国家利益这个概念与宪法中两个广义的概念——公共福利和正当秩序很有些相似，这些概念本身的内在含义中包含着未加说明的意思，除了最低限度的必要条件外，它们的内容还包括一切与本概念不相矛盾的含义，权力和利益概念的内涵是由一国制定其外交政策时特定的政治传统和总体文化环

---

① 邓小平：《邓小平文选》(第三卷)，北京：人民出版社，1993 年版，第 330 页。

境所决定的。"① 在他看来，国家利益的内在基本含义便是生存，一个国家最基本的利益是反对别国侵略，保护自己物质、政治和文化上的统一性。其他西方学者也从不同角度阐述了对国家利益的看法。罗伯特·奥斯古德把国家利益具体化为四个要素：① 国家的生存或自我保护，包括领土完整、国家独立和基本制度的持续；② 国家在经济上的自给自足；③ 国家在国内外有足够的威望；④ 国家具有对外扩张的能力。亚历山大·乔治和罗伯特·凯奥汉尼对国家利益作出了自己的解释，认为国家利益不可或缺的基本内容有三种：① 实际的生存；② 自由；③ 经济生存——意味着最大限度的经济繁荣。② 尼古拉·斯巴克曼以地缘政治和实力均衡论为依据，论述了他的国家利益观。他认为，一个国家的利益是由它所处的地理位置和所能发动战争的能力决定的，在国际关系中，疆界关系是最重要的国家利益，疆界关系既是权力关系又是利益关系，哪里的力量最弱，扩张便在哪里出现，哪里的利益就最容易受到侵犯。③

在中国现实政治生活中，国际政治意义上的"国家利益"往往与"民族利益"表达同一个概念。新中国成立以来，中国政府对国际政治意义上国家利益的表述常用"民族利益"来表示。例如，江泽民在中共十四大报告中表示："在任何涉及民族利益和国家主权的问题上，我们决不屈服任何外来干涉的压力。"④ 在外交场合，中国政府更多地使用"国家利益"。例如，邓小平在1982年6月1日会见美国参议院多数党领袖小霍华德·贝克时指出："中美两国领导人考虑一切问题必须把着眼点放在战略问题上。只有从战略角度考虑两国的关系，本着既

---

① 汉斯·摩根索著，徐昕、郝望、李保平译：《政治学的困境》，北京：中国人民公安大学出版社，1990年版，第65页。

② 刘金质、梁守德、杨淮生主编：《国际政治大辞典》，北京：中国社会科学出版社，1994年版，第83页。

③ 杨玲玲：《"国家利益"的基本内涵与本质特征》，载《国际关系学院学报》，1997年第4期，第19页。

④ 江泽民：《加快改革开放和现代化建设步伐夺取有中国特色社会主义事业的更大胜利》，载《人民日报》，1992年10月21日，第1版。

维护自身的国家利益，又尊重对方的国家利益的精神来处理所面临的各种问题，两国才能建立一个相互信任的良好关系。"① 同样，邓小平在 1989 年 10 月 26 日会见泰国总理差猜·春哈旺时指出："中国要维护自己国家的利益、主权和领土完整，中国同样认为，社会主义国家不能侵犯别国的利益、主权和领土。"② 总体上来看，国内外学术界一般用"国家利益"来表述现代民族国家的整体利益。

通过中外对国家利益的认识，可以对国家利益有一个明确的概念：国家利益就是满足民族国家全体民众物质与精神需要的东西，在物质上主要表现为国家的安全与发展，在精神上主要表现为国际社会的承认与尊重。

2. 国家利益的层次与变动

"国家利益"不是抽象的概念，它在层次上分为个人利益、集体利益和整体利益。国内政治环境中，国家利益与个人利益是不同或相对的。但在国际政治环境中，国家利益之基础就是每个公民的利益。国家由公民组成，每个公民的合法利益就是该国国家利益的一部分。例如：一个国家的公民在海外遭到绑架，影响了该国海外公民的安全，一定程度上也威胁了该国的安全利益，并潜在地损害了该国的国家威望。正如卢梭指出的："一旦人群这样地结合成一个共同体之后，侵犯其中的任何一个成员就不能不是在攻击整个共同体。"③

集体利益同样是国家利益的重要构成部分。集体利益或许是一个企业、一个团体或者一个地区的利益，如果这些集体利益遭到来自外部力量的损害，国家利益也遭受到损失。以中国许多行业在海外遭遇的反倾销案为例，它不仅会使相关企业经济利益受损，还影响了一个行业和相关地区的就业和经济发展，倘若引起更多类似诉讼，必将对

---

① 中共中央文献研究室：《邓小平年谱（1975—1997）》（下），北京：中央文献出版社，2004 年版，第 825 页。
② 同①，第 1293 页。
③ 卢梭著，何兆武译：《社会契约论》，北京：商务印书馆，2003 年版，第 23 页。

中国开拓海外市场的企业群体产生不利影响。所以，一个企业在国际竞争中的失败，也是国家利益的损失。需要注意的是，集体利益虽是国家利益的构成部分，但并不能简单地等同于国家利益。当某一利益团体为了自己的私利，而把团体利益凌驾于国家整体利益之上时，它就不能代表国家利益。

整体利益则是国家利益的主要组成部分。整体利益的内容广泛，如国家安全、国家荣誉、领土完整等等。但要注意与国内政治生活中的公共利益区分，只有那些受到国际关系影响的全体利益才是国家利益的组成部分。在判断分析国家利益时，用国家利益的个人利益因素、集体利益因素和整体利益因素这些不同的层次来进行分析，有助于更好地理解国家利益。

国家利益多种多样，以不同的标准可以将其分为不同的类型。按照利益的内容，国家利益可以分为政治利益、安全利益、经济利益、文化利益等。每一个大的利益类别下，还可以细分为更为具体的利益。例如：政治利益可分为国家主权、国家地位、政治独立等。经济利益包括对外贸易、海外市场、投资与资金技术引进等。安全利益可分为军事力量对比优势、领土完整、领海权益等。文化利益可分为本国文化在海外的传播、吸引力以及预防国外意识形态对本国意识形态的侵蚀等。在各类利益中，政治利益的核心是国家主权，它集中表现了各种国家利益。安全利益是各种利益的基础，其他利益只有在安全利益得到保障的前提下才能够得以实现。经济利益是国家利益中最广泛和常在性的利益，在安全利益得到保障后，经济利益往往成为国家追求的最主要利益。文化利益作为国家利益中的精神方面，相对而言是容易被忽视和较难实现的利益，一般为大国所重视。

国家利益并非一成不变，不同时期的内容和形式有所区别，不同时期的分布和重要性也是不同的，国家利益的这个属性称为"国家利益的变动性"。民族国家形成初期，国家利益主要体现在土地和重要资源的争夺上。随着技术进步，海外资源、海外经济权益成为国家主要的利益所在。二战以后，军事力量和霸权地位在国家利益中占据主导地位。冷战结束后，经济利益再次成为各国最关注的国家利益，而军事力量在国家利益中的重要性相对下降。21世纪以来，长期被忽视的文化利益越来越为国家所重视，在国家利益战略中的地位凸显。此外，科技发展对国家利益的变化产生巨大影响。飞机发明前，没有领空的概念。火箭、宇宙飞船发明后，太空被纳入人类的活动范围，美国据此提出了"高边疆"利益概念。随着信息技术的发展，互联网上的利益也成为重要的国家利益。科学技术的发展对国家利益具有双重性，一方面它拓展和丰富了国家利益的空间和存在形态，另一方面又模糊了国家利益。海湾战争后，战争方式的变化，使某些国家利益相对"贬值"，在以导弹精确打击为代表的新军事革命时代，某座高地、某条河流已丧失了原来的战略意义，因而在国家安全利益中的地位也随之相对下降。

国家利益的变化还深受国家内部和国家外部环境变化的影响。国家内部的变化，如经济衰退、民族分离、政治动荡等往往直接影响国家利益。以苏联（俄罗斯）为例，建国初期，苏联的核心利益是谋求在资本主义的围困中生存下来；二战时期，其首要利益是联合资本主义民主国家战胜法西斯国家；二战后，其重点则放在追求世界霸权地位上；冷战结束后，苏联继承者俄罗斯的国家利益重心是摆脱内忧外患，在政经改革中谋求恢复一流强国地位。不到100年的时间，苏联（俄罗斯）的国家利益结构不断调整变化。国家外部环境变化，如国际格局的破坏与重建、国际冲突的发生与结束、国际资本的流向、国际市场价格的涨落、决定性科技成果的应用等对国家利益的影响也是多方面的。以联邦德国为例，冷战期间，联邦德国的主要国家利益是紧靠美国和欧洲，缓和与苏联的关系，在"东西对峙"中发展自己；冷战结束初期，实现两德统一是联邦德国的根本利益；统一后，德国立即把战略利益的重心转向整合欧洲，力争在欧盟内占据主导地位。这几个例子充分说明了国家利益的变动性。

（二）国家海外权益与中国海外权益的主要体现

国家海外权益大体上是国家利益的海外部分。从国家海外权益的性质和内容上来看，它可以分为海外政治权益（与他国建立外交关系、加入国际组织、和平稳定的国际环境、在全球公共领域中拥有的合法权利等）、海外经济权益（对外贸易、对外投资和知识产权等）、海外安全权益（国家海上战略通道安全、海外能源资源安全及海外公民和法人安全等）和海外文化权益（民族语言文化的国际传播、国家正面形象的塑造等）。

国家的海外权益是动态发展的，在不同的时期和不同的地点，海外权益具有不同的指向。一国在海外的存在、关系和影响等，界定着该国海外权益的范畴和规模。对于具体国家而言，发现和维护海外权益是国家对外行为和外交政策的重要内在决定性因素。与之相应，海外权益维护就是政府职能向国境之外延伸而形成的内容。随着主客观条件的变化，国家海外权益在内容及形式上会有相应变动。如何认识和判断，深刻影响着一个国家对本国海外权益的维护和拓展。

中国国家海外权益是随着中国与世界联系的加深以及中国的发展强大而不断扩展的。从类型上划分，中国海外权益大致可区分为海外政治权益、海外经济权益、海外安全权益和海外文化权益等方面。具体而言，中国海外权益包括：中国在境外的政治、经济及军事权益，驻外机构及驻外公司企业的财产与经营安全，海外侨胞的人身及财产安全，海外重要交通运输线及运输工具安全，能源及资源供应线安全等。

从中国海外权益现状来看，中国的海外权益主要体现在参与世界经济体制、对外贸易、能源供应、海外投资、吸引外资、技术和人才引进、海外公民权益、反"独"促统八个方面：

1. 参与世界经济体制和规则制定是中国战略性海外经济权益

制度是一项重要的战略资源，经济合作制度是对经济领域相互关系产生影响的控制性安排，它能够减少经济体间由于不确定性、盲目性、滞后性和自发性等导致的恶性竞争、交易成本高和零和博弈，促进实现互利的理性合作。在全球化时代，制度建设已经成为经济体之间经济合作生成与发展的关键性因素。西方主要发达国家利用其经济实力和在国际经济组织中的控制地位，千方百计地要使国际经济规则的制定为其利益服务，有的国家甚至试图以此建立新的经济霸权。中国要想维护自己的利益，要想实现现代化，就必须融入世界经贸主流，适应国际多边贸易法律体制，不仅要参与国际贸易和国际分工的竞争，参与制定国际经贸规则的竞争，同时还要学会应用国际规则来规范企业的国内和国际商业行为，学会运用国际经济规则来保护自己，为中国发展创造公正合理的外部经济制度环境，从此意义上讲，全面参与世界经济体制是中国战略性经济利益。① 2001 年 12 月 11 日，中国正式加入了世界贸易组织，标志着中国全面融入世界经济体制，截至 2016 年 10 月 1 日，中国参加了世界几乎所有重要的国际经济机制，中国在融入世界经济体制后，能够参与制定国际经济规则，使国际经济活动的"游戏规则"更符合本国的经济利益。②

2. 稳定的对外贸易是中国重要的海外经济权益

改革开放以来，中国对外贸易发展迅速，远超同时期世界贸易的平均增速，同时规模不断扩大。对外贸易已成为推动中国经济发展的重要引擎。以 2022 年为例，这一年中国货物贸易进出口总值近 42.07 万亿元，较 2021 年同比增长 7.7%，约占 2022 年中国国内生产总值的 34.7%。其中，出口额达 23.97 万亿元，增长 10.5%；进口额达 18.1 万亿元，增长 4.3%。③ 这充分显示出对外贸易是中国重要的海外经济

---

① 程晓勇：《冷战后的中国国家利益：基于不同视角的考察》，载《党政干部学刊》，2012年第 2 期，第 32 页。
② 刘杰：《论加入 WTO 与中国参与国际机制战略的创新》，载《世界经济与政治》，2000年第 4 期，第 4—9 页。
③ 《海关总署：2022 年我国货物贸易进出口总值达 42.07 万亿元 出口同比增长 10.5%》，http://finance.people.com.cn/n1/2023/0113/c1004-32605986.html。

权益。

3. 持续的能源供应是中国经济快速增长的保障

随着中国经济的高速发展，对能源的需求持续增长。一方面，中国经济迅猛发展；另一方面，中国很多资源相对贫乏。以石油为例，中国经济的强劲增长伴随着对石油消耗的大幅增加。1993 年，中国成为石油产品净进口国，1996 年成为原油净进口国。在中国对进口石油的依赖越来越强的同时，中国在国际石油市场上的重要性也相应增加。目前，中国石油的对外依存度已超过 70%，天然气的对外依存度也超过 40%。① 中国对海外原材料和能源的依赖凸显了中国海外经济权益的重要性。

4. 海外投资安全是中国海外权益的重要内容

自 20 世纪 90 年代以来，伴随着经济全球化的浪潮和中国加快融入世界经济体系，中国企业的海外投资开始起步。20 多年来，中国海外投资出现了很大的飞跃。海外投资已经给中国企业带来了利润、技术和国际市场经验，给中国经济注入了活力和动力，成为中国海外经济权益一个重要的方面。随着中国经济的发展，中国的海外投资会步入快速增长的时期，规模会日益庞大。

据统计，2022 年，中国对外直接投资流量达 1631.2 亿美元，为全球第二位，中国对外投资规模继续保持世界前列。截至 2022 年年末，中国对外直接投资存量达 2.75 万亿美元，连续六年排名全球前三。从具体分布看，境外企业已覆盖全球超过 80% 的国家和地区。2022 年年末，中国境内投资者共在全球 190 个国家和地区设立境外企业 4.7 万家，近 60% 分布在亚洲，北美洲占 13%，欧洲占 10.2%。其中，在共建"一带一路"国家设立境外企业约 1.6 万家。②

---

① 《"加油争气"高质量端好能源的饭碗》，http://news.cnpc.com.cn/epaper/sysb/20220721/0154265004.htm。

② 《2022 年对外直接投资流量 1631.2 亿美元 中国对外投资规模保持世界前列》，https://www.gov.cn/govweb/lianbo/bumen/202310/content_6907590.htm。

5. 稳定的外来投资是中国经济发展的重要助推器

外资已经成为中国经济发展的重要助推器，吸引外资是中国改革开放以来发展起来的一项重要国际经济利益。20 世纪 90 年代起，中国一直是发展中国家中吸引外资最多的国家之一。在逆全球化导致的全球直接投资持续下降的背景下，2021 年中国实际使用外资达到 1.15 万亿元，位居世界第二，引资规模稳居发展中国家首位。①

6. 技术与人才引进助力中国创新发展

引进技术和吸引海外人才也是中国的海外经济利益。引进外国专业人才不仅可以带来先进的技术知识，而且带来了先进的管理经验和思维方法，从而有助于提高中国的科学技术水平。随着经济全球化的进一步发展和中国改革开放进一步深入，中国迫切需要外国高层次人才来中国投资经商，从事科技文化事业。中国政府顺应这一需要，及时出台了一系列引进人才的政策措施，完善了人才引进的制度框架，使中国海外人才的吸引力加大。②

7. 海外公民的正当权益是中国海外权益的重要组成部分

海外中国经商务工人员、留学生及庞大的华侨群体分布世界各地，他们的人身、财产安全和政治、文化权益也是中国的海外权益。随着海外安全形势的日趋复杂，各类传统与非传统安全风险交织并存，政局动荡、武装冲突、恐怖袭击、自然灾害以及各类意外事故等频频发生，海外中国公民面临的安全风险更趋严峻。以 2022 年为例，中国外交部和驻外使领馆共处置约 7 万起领事保护与协助案件，外交部全球领事保护与服务应急热线 12308 接听求助电话近 50 万通。③

早在 2014 年 10 月，《中共中央关于全面推进依法治国若干重大问

---

① 《中国这十年：中国式现代化建设取得新的历史性成就》，https://www.gov.cn/xinwen/2022-06/29/content_5698321.htm? eqid=803ea6f80051836b0000000264575286。

② 程晓勇：《建国以来中国国家经济利益的演变分析》，载《天津市社会主义学院学报》，2012 年第 2 期，第 58 页。

③ 《〈中华人民共和国领事保护与协助条例〉的意义与亮点》，http://cs.mfa.gov.cn/gyls/lsgz/fwxx/202307/t20230717_11114243.shtml。

题的决定》就明确指出，要依法维护中国公民、法人在海外的正当权益及海外侨胞权益。尽管中国公民安全预警与应急机制及海外领事保护制度有了很大改进，可相对于海外庞大的中资企业、海外劳务人员、留学生和华侨群体，中国海外利益维护的力度和范围还十分有限。依法维护海外中国公民权权益是中国政府的责任，也是加强海内外中华儿女凝聚力、同心共筑中华民族伟大复兴梦想的重要举措。

8.海外反"独"促统是中国统一大业的重要基础

中国统一大业尚未完成，反"独"促统面临着更加复杂艰巨的形势和任务。近年来，海外"疆独""藏独""台独"等民族分裂势力呈日渐活跃态势，这些势力借助西方部分国家及团体的反华力量，不断挑动民族、国家和海外侨团的分裂，歪曲国家政策，损害住在国与中国的友好交流关系，破坏了海外中国公民正常的生存发展环境，也威胁中国国家安全。

二、海外中国公民权益维护研究存在较大的提升空间

近年来，涉及中国公民在海外权益维护的案件不断增加，使海外中国公民权益维护研究受到学界重视，许多研究成果相继发表。学界的相关成果集中讨论了以下问题。

（一）海外中国公民权益维护的现状、成因、种类等问题

夏莉萍选取世界各大洲的不同类型国家，对在这些国家的中国公民和中资企业所遭遇的安全风险进行了梳理、分类，并结合典型案例对安全保护的优势与不足进行了深入分析。[①] 汪段泳对海外中国公民安全风险的地理方向分布特征及领事保护的信息传递效率进行了分

[①] 夏莉萍:《海外中国公民和中资企业安全风险与保护》,北京:当代世界出版社,2023年版。

析。① 廖小健梳理了2001—2008年间威胁海外中国公民人身安全与财产安全的相关事件，并据此提出中国应针对不同的安全威胁及其导因采取相应的对策。② 李晓敏从历史的角度对中国公民跨国活动的历史进行了梳理，同时分析了在海外（尤其是风险较高的国家与区域）不同群体的中国公民的具体情况，并将其分为三类，最后对各类风险提出了相应对策。③ 夏莉萍指出，中共十八大以来，中国领事保护工作日益呈现参与多元化、协调网络化、管理法制化和预防精细化的特点。④ 除了以上具体介绍的文献资料外，相关的学术论文还包括陶莎莎的《海外中国公民安全保护问题研究》⑤、蒋凯的《海外中国公民安全形势分析》⑥、时事出版社出版的《中国公民境外安全报告》⑦ 等，均对海外中国公民的安全现状、风险类别作出了归纳与分类，并提出了一些预防与应对建议。

伦敦国际战略研究所2015年出版的《中国的坚强臂膀——保护海外公民和资产》勾勒了中国新的全球风险图和中国对外政策与制度的转变，认为随着中国"走出去"政策与新的全球足迹的拓展，地缘政治风险与海外冲突逐渐对中国的安全与经济权益产生威胁，这些新的不确定性问题促使中国采取新的风险管理方式。⑧ 兰德公司也发布了一份报告，主要分析了中国对海外安全的追求。报告从三个部分来分析

① 汪段泳：《中国海外公民安全：基于对外交部"出国特别提醒"（2008—2010）的量化解读》，载《外交评论（外交学院学报）》，2011年第1期，第64—69页。
② 廖小健：《海外中国公民的安全形势分析》，载《广州社会主义学院学报》，2009年第2期，第47—52页。
③ 李晓敏：《强化对在高风险国家的中国公民保护机制——基于2010—2014年"安全提醒"数据的分析》，载《福建江夏学院学报》，2014年第6期，第35—42页。
④ 夏莉萍：《中国领事保护新发展与中国特色大国外交》，载《外交评论（外交学院学报）》，2020年第4期，第1页。
⑤ 陶莎莎：《海外中国公民安全保护问题研究》，中共中央党校博士论文，2011年9月。
⑥ 蒋凯：《海外中国公民安全形势分析》，载《太平洋学报》，2010年第10期，第83—89页。
⑦ 顶针安全·顶针智库：《中国公民境外安全报告2015》，北京：时事出版社，2015年版。
⑧ Jonas Parello-Plesner and Mathieu Duchâtel, *China's Strong Arm: Protecting Citizens and Assets Abroad*, London: The International Institute for Strategic Studies, 2015.

中国如何为海外权益寻求安全保障，通过调查中国在海外可能面临的风险与威胁，分析了中国可以应对这些威胁的各方力量，以及可能采取的行动。[1]

（二）海外中国公民权益维护的成效及存在的问题

这方面的文献主要分为两类。一类是从外交理念、政策演进、非传统安全等宏观层面对海外中国公民权益维护的成效及存在的问题进行分析与探讨。夏莉萍对近年来中国领事保护的新发展进行了分析，认为新发展主要体现在协调机制、应急和预防机制、使馆主要官员领事业务负责制、领事新闻发布机制和与公众交流机制等方面。促使中国领事保护机制发展的因素有两方面：一是客观因素，即海外中国公民数量的大幅增加带来的安全问题；二是主观因素，即中国政府一贯秉持的外交为民理念。[2] 钟龙彪从历史的角度来分析改革开放前后海外中国公民权益维护的特点与变化，如保护对象从以华侨为主扩大到海外中国公民、双边领事关系与条约的缔结增多等。[3]

另一类是通过具体案例来分析海外中国公民权益维护的效果与实践中存在的缺陷。例如：夏莉萍以利比亚撤侨事件为个案对中国领事保护机制的运行作出了评析，认为利比亚事件暴露出中国领事保护预防机制的一些薄弱环节，例如：风险认识差异阻碍了安全防范工作的有效开展，安全信息流通不畅影响了预警信息的及时发布。[4] 李晓敏通过梳理 2010—2014 年外交部发布的"安全提醒"，归纳了在海外中国公民安全状况的三个特点，即案件数量逐年增多、"安全提醒"遍布世

---

[1] Timothy R. Heath, *China's Pursuit of Overseas Security*, Santa Monica: The RAND Corporation, 2018.

[2] 夏莉萍：《试析近年来中国领事保护机制的新发展》，载《国际论坛》，2005 年第 3 期，第 31 页。

[3] 钟龙彪：《当代中国保护境外公民权益政策演进述论》，载《当代中国史研究》，2013 年第 1 期，第 49 页。

[4] 夏莉萍：《从利比亚事件透析中国领事保护机制建设》，载《西亚非洲》，2011 年第 9 期，第 114 页。

界，以及亚非地区为高风险地区。李晓敏强调，要落实"人的安全"是国家安全观的宗旨，加快领事保护机制改革，强化对在高风险国家中国公民的安全保护措施，以维护海外中国公民的合法权益。① 张丹丹等梳理了中国在中东领事保护方面的理念和实践，指出有关中东领事保护的内部统筹不断完善、领事保护制度日益健全、撤侨能力不断增强、领事保护方式更加多元等，并在常态化机制、危机管理机制、善后处理机制等方面总结中国在中东领事保护上的机制化建设。② 陈奕平和许彤辉通过梳理中国在 2020 年 1—7 月开展的领事保护工作内容，指出中国领事保护机制建设在体制优势、参与多元化、"互联网+"新型领事保护模式等方面取得了一定成效，但也存在海外中国公民安全责任意识欠缺、机制建设整体性不足等问题。③

除此之外，在日中国研修生④、撤离滞泰游客⑤等案例被用来分析与评估中国在保护海外公民过程中的成功经验与面临的挑战。

廖建裕的《中国崛起和华侨华人》一书虽然主要关注的是中国发展强大与华侨华人的关系，但是在案例的选取上包含了近年来中国在印尼、所罗门群岛、汤加、利比亚、也门、埃及、越南、马来西亚等国发生的保护海外中国公民的个案，⑥ 对于研究海外中国公民安全保护也有一定的借鉴意义。

《中国的坚强臂膀——保护海外公民和资产》第二部分也通过阿富

---

① 李晓敏：《强化对在高风险国家的中国公民保护机制——基于 2010—2014 年"安全提醒"数据的分析》，载《福建江夏学院学报》，2014 年第 6 期，第 35 页。

② 张丹丹、孙德刚：《中国在中东的领事保护：理念、实践与机制创新》，载《社会科学文摘》，2019 年第 10 期，第 37—39 页。

③ 陈奕平、许彤辉：《新冠疫情下海外中国公民安全与领事保护》，载《东南亚研究》，2020 年第 4 期，第 149—151 页。

④ 廖小健：《中外劳务合作与海外中国劳工的权益保护——以在日中国研修生为例》，载《亚太经济》，2009 年第 4 期，第 91—95 页。

⑤ 黎海波：《论中国领事保护的运作机制及发展趋势——以撤离滞泰游客为例的比较与探讨》，载《八桂侨刊》，2010 年第 4 期，第 62—66 页。

⑥ Leo Suryadinata, *The Rise of China and the Chinese Overseas: A Study of Beijing's Changing Policy in Southeast Asia and Beyond*, Singapore: The ISEAS-Yusof Ishak Institute, 2017.

汗、巴基斯坦、利比亚、苏丹等国和湄公河地区发生的个案来分析中国政府对其海外公民与资产的保护。肯·泽尔巴通过对 2011 年利比亚撤侨事件的分析指出，此次危机测试了中国政府的海外危机管理能力，中国需要重新评估其全球战略与外交政策原则，以及对海外中国公民保护的外交新使命。① 奥利弗·布罗伊纳主要是以 2010 年中国在吉尔吉斯斯坦的撤侨行动为案例，分析并总结了本次撤侨行动的成功经验。②

概而言之，两类学术文献均肯定近年来中国政府在保护海外公民安全方面所进行的制度化变革以及采取的系列措施，赞赏中国政府外交为民的指导思想。与此同时，学界也提出了一系列急需解决的问题，尤其是在通过具体案例对海外中国公民权益维护实践进行检验和分析的这类学术文献中，对于海外中国公民保护面临的问题作出了更为具体的分析。

（三）海外中国公民权益维护的途径问题

夏莉萍主要针对近年来出现的领事保护案件数量增多而人员配置欠缺引发的"供需不平衡"问题，从制度建设、立法等方面提出建议。③ 对于地方政府参与领事保护，夏莉萍认为，地方政府在相关机制建设方面取得了重要进展，即地方政府在领事保护中发挥了相当重要乃至不可替代的作用，同时体现出鲜明的中国特色；但依然存在保护责任划分不够合理、缺乏指导和统一的实施标准、保护责任与管理权限不平衡等问题。④ 尹昱的《论海外撤侨——从危机管理的视角》，主

---

① Shaio H. Zerba, "China's Libya Evacuation Operation: A New Diplomatic Imperative—Overseas Citizens Protection", *Journal of Contemporary China*, Vol. 23, No. 90, 2014, pp. 1093-1112.

② 奥利弗·布罗伊纳：《保护在吉尔吉斯斯坦的中国公民——2010 年撤离行动》，载《国际政治研究》，2013 年第 2 期，第 30—34 页。

③ 夏莉萍：《海外中国公民和中资企业安全风险与保护》，北京：当代世界出版社，2023 年版；夏莉萍：《中国领事保护需求与外交投入的矛盾及解决方式》，载《国际政治研究》，2016 年第 4 期，第 10—25 页。

④ 夏莉萍：《中国地方政府参与领事保护探析》，载《外交评论（外交学院学报）》，2017 年第 4 期，第 59—83 页。

要从危机管理的视角，结合海外撤侨事件的分析，发掘科学机制，为政府的海外危机处理与公民权益保护提供理论参考。[①] 除此之外，还有从法制建设的角度探究海外中国公民安全与权益保护的途径，如黎海波从国际法人权的视角来分析中国的领事保护。[②]

在海外中国劳工的权益维护方面，魏绿子认为，随着经济全球化的发展，大批海外劳工涌现，同时他们面临着复杂的劳动纠纷问题，而中国在海外劳工领事保护上还存在立法保障不足、资金投入匮乏、运行机制不健全等问题，并从立法、资金、机制建设等方面提出改进建议。[③] 王祥军等认为，政府、企业和工会应该在保障海外劳工权益上发挥重要作用。[④]

结合新冠疫情，不少学者将海外留学生领事保护问题作为海外中国公民安全保护的一部分加以探讨，比如夏莉萍和许志渝的《新冠疫情下的海外中国公民合法权益保护》[⑤] 以及陈奕平和许彤辉的《新冠疫情下海外中国公民安全与领事保护》[⑥]。

此外，除了学术研究方面的文献和专著，相关文献还包括外交部领事司联合江苏人民出版社出版的《外交官在行动：我亲历的中国公民海外救助》[⑦] 和《祖国在你身后：中国海外领事保护案件实录》[⑧] 两本纪实性图书，书中详细介绍了近年来中国海外领事保护案件的来龙

---

① 尹昱：《论海外撤侨——从危机管理的视角》，暨南大学硕士论文，2015 年 5 月。

② 黎海波：《国际法的人本化与中国的领事保护》，暨南大学博士论文，2009 年 5 月。

③ 魏绿子：《浅谈我国海外劳工权益保护中领事保护的不足》，载《法制博览》，2019 年第 34 期，第 211—212 页。

④ 王祥军、陈慧敏：《地方政府参与海外劳工领事保护问题研究》，载《安徽广播电视大学学报》，2018 年第 2 期，第 5—8 页。

⑤ 夏莉萍、许志渝：《新冠疫情下的海外中国公民合法权益保护》，载《国际论坛》，2020 年第 6 期，第 32—49 页。

⑥ 陈奕平、许彤辉：《新冠疫情下海外中国公民安全与领事保护》，载《东南亚研究》，2020 年第 4 期，第 139—152 页。

⑦ 《外交重在行动：我亲历的中国公民海外救助》编委会编：《外交官在行动：我亲历的中国公民海外救助》，江苏：江苏人民出版社，2015 年版。

⑧ 《祖国在你身后：中国海外领事保护案件实录》编写组编：《祖国在你身后：中国海外领事保护案件实录》，江苏：江苏人民出版社，2016 年版。

去脉。新华社国际部编著的《永远是你的依靠：中国领保纪实》从记者的视角讲述了中国的领事保护案件。[①]

总而言之，对于海外中国公民权益维护的完善，学者提出了许多建议：强化服务意识、预防意识和大局意识，建立健全领事保护法律制度和应急机制，处理好国家利益与个人利益、居住国与中国、领事保护与依法依规三方面关系，调动个人、地方、企业、组织等不同行为体的力量。

（四）海外中国公民权益维护的国际经验问题

在介绍他国保护机制的研究上，夏莉萍主要介绍了西方发达国家在 20 世纪 90 年代的领事保护机制的变化，通过对许多国家在领事保护的工作方式和工作重心方面出现了趋同的变化趋势的把握，对这些变化产生的原因、变化的积极意义和变化所带来的问题进行了分析，并将中国与主要发达国家进行了比较，最终发现中国领事保护机制的发展变化呈现出与主要发达国家领事保护机制相似的变化趋势。[②] 黎海波主要介绍了欧盟领事保护机制的相关情况，同时对从人权与代理合作中总结出的经验与特点进行了解读，提出中国应该辩证地分析和借鉴合理经验，以促进中国领事保护机制的发展。[③]

在著作方面，梁宝山所著的《实用领事知识：领事职责·公民出入境·侨民权益保护》对领事的相关知识进行了通俗性的介绍。[④] 李晓敏所著的《非传统威胁下中国公民海外安全分析》较为全面和系统地

---

① 新华社国际部编著:《永远是你的依靠:中国领保纪实》,北京:新华出版社,2016 年版。

② 夏莉萍:《20 世纪 90 年代以来英国领事保护机制改革:挑战与应对》,载《外交评论(外交学院学报)》,2009 年第 4 期,第 35—195 页;夏莉萍:《日本领事保护机制的发展及对中国的启示——基于日本外交蓝皮书的分析》,载《日本问题研究》,2008 年第 2 期,第 46—51 页;夏莉萍:《欧盟共同领事保护进展评析》,载《欧洲研究》,2010 年第 2 期,第 46—58 页。

③ 黎海波:《人权意识与代理合作:欧盟领事保护的探索及其对中国的启示》,载《德国研究》,2017 年第 1 期,第 64 页。

④ 梁宝山:《实用领事知识:领事职责·公民出入境·侨民权益保护》,北京:世界知识出版社,2001 年版。

分析了中国公民在海外的安全现状和风险形式，介绍了中国相关部门如何维护海外中国公民的合法权益。① 骆克任团队所著的《海外同胞安全研究——安全预警与风险应对》对海外同胞安全形势进行了详细的分析，通过对文献与 850 个涉侨突发事件的分析梳理了在安全预警研究方面取得的四个成果；另外在应用研究方面，对建设海外安全信息网络和智库进行了探索，并对海外生产风险应对机制及其政策提出了建议。②

通过梳理国内外相关研究的文献发现，国内目前对于海外中国公民权益问题的研究取得了一系列研究成果，但是同时也存在一些问题，主要表现为：

第一，当前的研究成果主要集中在对海外中国公民权益现状、成因、种类和地域分布特征的分析，而对海外中国公民权益维护实践的成效与存在问题，以及对国际社会领事保护经验、制度变革与创新及相关保护机制等方面的探究，依然有待进一步加强。

第二，当前的研究问题更多涉及的是海外中国公民的人身安全权益问题方面，但是海外中国公民的权益还包括财产等其他权益问题，而这方面的研究文献相对较少。在案例分析上，大部分研究聚焦的是海外中国公民权益维护在具体运行过程中存在的问题和成功之处，没有系统性地归纳出中国在保护实践中体现的具有中国特色的做法与智慧。

第三，学者通过对近些年中国保护海外公民具体事件的分析，明确了其存在的问题，也提出了一些建设性建议与应对之策，但是对海外中国公民权益维护机制的系统性探讨不多，也较少从更宏观的角度探究海外中国公民权益维护的完善对于中国外交和国家利益维护的推动意义。

---

① 李晓敏：《非传统威胁下中国公民海外安全分析》，北京：人民出版社，2011 年版。
② 骆克任、丘进、王超等：《海外同胞安全研究——安全预警与风险应对》，北京：社会科学文献出版社，2018 年版。

三、本书的研究思路和主要观点

本书按照基础研究、田野调研、应用研究逐层递进的研究思路，以服务海外中国公民权益维护为总纲，以机制研究为主线，以文献和案例分析、田野调查和访谈、比较分析、定量分析为主要研究方法，对海外中国公民权益维护的制度设计和机制建设进行多层次、多视角的研究。

本书分为绪论、形势篇、机制篇、领域篇和结语，包括以下几部分内容：

绪论部分对中国海外权益的现状进行阐述，重点分析 21 世纪以来国际环境的变化对海外中国公民带来的风险和挑战，以及对国内外相关研究进行介绍和评论。

形势篇为第一章，分析海外中国公民权益维护的形势与挑战。随着中国发展强大，中国公民"走出去"越来越频繁，规模越来越大，在海外所面临的风险也越来越多。从类型上看，非传统安全领域风险的案件发生率占比更高，对海外中国公民权益的影响更大。从地域上看，目前海外中国公民权益受损案件的地域分布同中国公民出境目的地成正相关关系，权益受损案件发生数量最多的地区为亚洲。

机制篇包括第二章至第五章，分别探讨海外中国公民权益维护的领事机制、应急机制、法制机制、私营安保机制。第二章对海外中国公民权益维护的领事机制进行了探讨。通过对四个案例的阐述，对海外中国公民权益维护的具体情况进行简要回顾。新冠疫情期间，中国政府开展了一系列领事保护工作，开展对海外中国经商务工人员、留学生等群体权益维护的工作。除政府外，企业及侨团也为维护海外中国公民合法权益贡献了独特力量，充分体现了中国领事保护工作多元主体参与的特征。

第三章探讨了海外中国公民权益维护的应急机制。通过分析海外中国公民权益维护应急机制的现状，认为面对百年大变局和地缘政治冲突的叠加，海外中国公民权益维护面临更加复杂的形势，需要建立更加合理、快速和有效的应急管理机制。结合联合国等国际组织、其他国家和地区的相关经验，基于中国的实际情况，本章提出了一些政策建议，包括：实施积极、适度、有重点的海外中国公民应急救援战略，完善海外中国公民权益维护的风险防范与风险减缓机制，建立广域、高效的海外中国公民权益维护监测和预警机制，扎实有效提升海外中国公民权益维护应急准备水平，形成统一多轨、快速联动、务实有效的应急响应机制，等等。

第四章研究海外中国公民权益维护的法制机制，通过对国际法、国际人权理论以及国家海外权益等相关理论和概念的梳理，研究了中国在海外公民权益维护上所进行的法制建设。随着中国"走出去"的深度增加和广度拓宽，海外中国公民权益维护工作越来越复杂，需要强有力的法律制度支撑，用法律的手段来维护海外公民合法权益也是国际社会认同的价值观。当然，面对新的形势和新的挑战，我们需要更加完善、更加符合现实需求的法律政策文件，更好地用法制维护海外中国公民的合法权益。

第五章主要研究海外中国公民权益维护的私营安保机制。本章认为，传统上单方面依靠政府的保护已经难以满足新形势下海外中国公民权益维护的需求。私营安保公司在风险评估、信息支持、后勤支援、现场保护、安全培训、战略咨询与设计、紧急撤退和紧急医疗服务等方面具有独特的灵活优势，可以配合国家海外安全战略，辅助性提供"公共安全产品"，构建海外中国公民权益维护全方位、多元化的安全保障体系，从而整体提升中国政府的海外安全供给能力。未来，中国参与国际私营安保领域的全球治理，既要利用"后发优势"和"总量规模"，主动适应并积极参与私营安保行业规范制定，提升话语权；同时对"走出去"的私营安保公司要加强事前、事中和事后的规范管理，提升国际竞争力。

领域篇包括第六章和第七章，分别探讨了海外中国劳工和中国留学生的权益维护问题。第六章探讨了海外中国劳工的权益维护问题。当前，海外中国劳工面临的安全形势变得更加复杂，加强海外中国劳工的保护既是一个关键问题，也是中国政府践行外交为民根本宗旨的重要体现。本章从伦理规范、外交使命、法律责任和经济需求等方面分析了保护海外中国劳工的必要性与重要性，梳理了新中国海外劳工保护的历程和现状及困境和不足，并在法制建设、制度建设、双边合作等方面提出政策建议。本章认为，海外中国劳工是国际劳工移民的重要组成部分，中国政府应该通过双边合作及全球性多边组织、国际组织、国际法、国际规则等路径来保护海外劳工的权益，并在劳工移民问题的全球治理中提升话语权。

第七章分析探讨了新冠疫情期间海外中国留学生的领事保护实践。海外留学生是海外中国公民重要组成部分，新冠疫情期间，他们面临着生命安全、财产安全、教育安全等多方面的威胁。中国创新开展各类领事保护工作，开创出"健康包""云问诊""云视频"等新型领事保护举措，更好地满足了海外留学生群体所需。为检验本次领事保护工作效果，我们通过网络问卷与线上访谈收集样本数据，发现本次领事保护工作在创新工作内容、发挥多主体力量、重视留学生组织/志愿者方面取得了一定成效，但也存在领事保护培训不够、信息传达普及性不高、各主体间协调性欠缺等问题。为此，本章从信息登记制度、领事保护培训、信息联通渠道及应急协调机制等方面提出针对性建议。

结语部分，依据以上各章的研究，结合海外中国公民权益维护的现状、面临的问题以及相关政策等，提出相关政策建议。该部分认为，百年变局和地缘冲突叠加下的海外中国企业和公民的权益维护，需要中国政府、所在国政府、企业和公民自身、社会各界等多元主体的协作，在制度体系建构、增进中外政治互信、融入当地经济、安保力量整合、舆论媒体宣传等方面推出更多精准、有效的举措。

第一章 海外中国公民权益维护的形势与挑战

随着中国的快速发展和积极融入世界，海外中国商人、务工人员、留学生及华侨群体遍布世界各地。与此同时，由于国际环境发生深刻变化，他们的人身、财产安全和政治、文化等方面权益也面临诸多新的风险挑战。

第一节 海外中国公民权益维护的现状与特点

21世纪以来，面临复杂的国际形势和安全局势，中国政府高度重视海外中国公民权益维护，采取了一系列措施，呈现出不同以往的特点。

一、海外中国公民形势总览

21世纪以来，在中国进一步改革开放的背景下，每年以经商、求学、旅游、探亲、务工等各种目的走出国门的中国公民数量持续增加。据国家移民管理局数据，2018年全国边检机关检查出入境人员达6.5亿人次，同比增长9.9%；中国公民出入境5.6亿人次，占出入境人员总量的86.1%，同比增长12%，连续15年保持增长态势。其中，内地（大陆）居民出入境3.4亿人次，港澳台居民来往内地（大陆）分别为 1.6 亿人次、5031.1 万人次、1225.4 万人次。① 2019 年全国边检机关检查出入境人员 6.7 亿人次，同比增长 3.8%。② 而在 1949 年到 1978 年的近 30 年间，中国公民出境总人数只有 28 万人次。即使在新冠疫情期间，在世界各国加强出入境管制措施的情况下，中国每年的出入境人员依然保持在 1 亿人次以上。根据国家移民管理局数据，2020 年累计推送出入境提示信息 2.58 亿人次。③ 2021 年累计查验出入境人员 1.28 亿人次。其中，内地（大陆）居民出入境 7423.4 万人次，同比上升 6.6%；港澳台居民出入境 4897.3 万人次，同比上升 4.4%。④ 2022 年累计查验出入境人员 1.157 亿人次。其中，内地（大陆）居民出入境 6463.5 万人次，港澳台居民 4659.1 万人次，外国人 447.3 万人次。⑤

与此同时，当今世界并不太平。部分国家和地区政治局势不稳，武装冲突、地方骚乱、社会动荡时有发生，恐怖主义依然猖獗，突发性自然灾害频发，导致海外中国公民权益受损案件增加。据统计，2016 年，外交部领事保护中心和驻外使领馆妥善处置领事保护与协助案件 10 万余起。⑥ 2017 年，外交部和驻外使领馆会同各有关部门，妥善处置领事保护和协助案件约 7 万起。⑦ 2022 年，外交部和驻外使领馆共处置领事保护和协助案件 7 万起。⑧

---

① 《2018 年全国边检机关检查出入境人员首次突破 6 亿人次》，http://www.mps.gov.cn/n2254996/n2254999/c6342840/content.html。

② 《2019 年出入境人员达 6.7 亿人次》，https://www.nia.gov.cn/n741440/n741567/c1199336/content.html。

③ 《移民管理工作数字 2020》，https://www.nia.gov.cn/n741440/n741567/c1373605/content.html。

④ 《国家移民管理局发布 2021 年移民管理工作主要数据》，https://www.nia.gov.cn/n741440/n741567/c1468017/content.html。

⑤ 《国家移民管理局发布 2022 年移民管理工作主要数据》，https://www.nia.gov.cn/n741440/n741567/c1562025/content.html。

⑥ 《2016 年妥善处置领保与协助案件 10 万余起》，http://world.people.com.cn/n1/2017/0125/c1002-29049444.html。

⑦ 《2017 年处置领事保护和协助案件约 7 万起》，http://news.cctv.com/2018/01/10/ARTIqKQJ7wAoeTLVJbIBHUnO180110.shtml。

⑧ 《〈中华人民共和国领事保护与协助条例〉的意义与亮点》，http://cs.mfa.gov.cn/gyls/lsgz/fwxx/202307/t20230717_11114243.shtml。

海外中国公民，一般指包括华侨以及在海外进行短期交流与交往的具有私人或者公派性质的中国公民。本节将以海外中国公民所包含的不同群体来介绍当前在海外的中国公民的基本情况。

（一）中国游客在海外

伴随着改革开放，中国人可支配收入的增加和生活观念的转变，使得用于文化娱乐方面的开支日益增多，这意味着中国人民的消费结构也发生了变化。世界范围内，随着冷战的结束以及交通与科技的发展，全球化的进程日益加快，世界各国的联系越发密切，同时旅游资源丰富的国家推行一些便捷手段吸引游客，如签证办理、货币兑换、航班互通等措施。根据文化和旅游部发布的数据，2016 年，中国公民出境旅游人数达到 1.22 亿人次，比上年同期增长 4.3%。经旅行社组织出境旅游的总人数为 5727.1 万人次，增长 23.3%。其中：出国游达 4498.4 万人次，增长 39.2%；港澳游达 918.0 万人次，下降 9.5%；台湾游达 310.8 万人次，下降 21.9%。[①] 2017 年和 2019 年，中国公民出境旅游人数分别达到 1.3051 亿和 1.55 亿人次。[②] 新冠疫情暴发后，中国公民出境旅游的人数急剧下降，根据文化和旅游部发布的数据，2020 年全国旅行社组织出境旅游达 341.38 万人次、1672.63 万人天。[③] 但依然可以看出，新冠疫情暴发前中国公民选择出境旅游的人数逐年增加。[④]

[①]《2016 年中国旅游业统计公报》，http://zwgk.mct.gov.cn/auto255/201711/t20171108_832371.html。

[②]《2017 年全年旅游市场及综合贡献数据报告》，http://zwgk.mct.gov.cn/auto255/201802/t20180206_832375.html；《2019 年中国入出境旅游总人数 3 亿人次》，https://travel.163.com/20/0311/00/F7D7HGPD00 068AIR.html。

[③]《2020 年度全国旅行社统计调查报告》，https://sjfw.mct.gov.cn/site/dataservice/details?id=26136。

[④]《国新办就疫情期间中国海外留学人员安全问题举行发布会》，http://www.china.com.cn/zhibo/content_75887039.htm。

（二） 中国学生在海外

洋务运动后，中国较为完整意义的留学生教育开始发展，早期被大家熟知的就是留美幼童，但整体发展比较缓慢。1949 年后，由于国内外环境的影响，中国的留学生教育一度停滞，但是在 1978 年改革开放后，中国选派 53 名学生及访问学者前往美国学习，从此中国的留学生规模不断扩大。据中国教育部统计，1978 年至 2019 年，各类出国留学人员累计达 656.06 万人。[①] 留学生群体也逐渐成为海外中国公民的一个重要群体。2015 年，中国出国留学人员总数为 52.37 万人。其中，国家公派 2.59 万人，单位公派 1.60 万人，自费留学 48.18 万人。[②] 2017 年，中国出国留学人数首次突破 60 万大关，达到 60.84 万人，同比增长 11.74%。[③] 2019 年，中国出国留学人员总数为 70.35 万人；2020 年，为 45.09 万人；2021 年，为 52.37 万人；2022 年，为 66.12 万人。[④]

（三） 中国劳工在海外

海外中国劳工是指前往境外，通过劳务获取报酬的中国公民。改革开放后，中国与世界的联系日益密切，尤其在共建"一带一路"倡议提出后，中国公民前往他国谋生或就业的人数日益增多。根据商务部的数据，2017 年到 2019 年，中国对外劳务合作派出各类劳务人员维持在 50 万人左右。其中，2017 年达 52.2 万人，2018 年达 49.2 万人，2019 年达 48.7 万人。截至 2019 年年末，在外各类劳务人员达

---

① 《教育部：2019 年度我国出国留学人员总数为 70.35 万人》，http://www.chinanews.com/gn/2020/12-14/9361885.shtml。

② 《2015 年度我国留学回国人数增 12%》，http://www.moe.gov.cn/jybxwfb/s 5147/201603/t20160322_234629.html。

③ 《维也纳领事关系公约》，http://www.gqb.gov.cn/node2/node3/node5/node9/node111/userobject7ai1419.html。

④ 《全球化智库发布〈中国留学发展报告蓝皮书（2023—2024）〉》，https://zk.zjol.com.cn/zx/202402/t20240229_26682946.shtml?v=1.0。

99.2 万人。① 即使在新冠疫情期间，中国对外劳务合作依旧在持续开展，每年保持着 50—60 万在外各类劳务人员的规模。2020 年，中国对外劳务合作派出各类劳务人员 30.1 万人。其中，承包工程项下派出 13.9 万人，劳务合作项下派出 16.2 万人。截至 2020 年年末，在外各类劳务人员达 62.3 万人。② 2021 年，中国对外劳务合作派出各类劳务人员 32.3 万人，较上年同期增加 2.2 万人。其中，承包工程项下派出 13.3 万人，劳务合作项下派出 19 万人。截至 2021 年年末，在外各类劳务人员达 59.2 万人。③ 2022 年，中国企业共向境外派出各类劳务人员 25.9 万人。其中，承包工程项下派出 8 万人，劳务合作项下派出 17.9 万人。截至 2022 年年末，在外各类劳务人员达 54.3 万人。④

（四）中国驻外工作人员

除了因旅游、求学、务工、探亲、经商等私人事由短期出国的中国公民，还有一部分因公出国的中国公民，主要是国务院各部门驻外机构中的工作人员。尤其是在 2018 年 11 月发生的中国驻巴基斯坦卡拉奇总领事馆遇袭事件以后，中国驻外机构工作人员的人身安全等权益维护更加受到重视。驻外使领馆和机构工作人员的权益受到损害的可能性要低于因私出国的其他中国公民，但是这并不意味着他们的权益不会受到损害。伴随着中国的发展强大和共建"一带一路"倡议的推进，国际社会上对中国不友好的声音也不少，加上恐怖主义、极端势力的影响，中国驻外机构和人员受到伤害的可能性增大。

---

① 《2017 年我国对外劳务合作业务简明统计》，http://www.mofcom.gov.cn/article/tongjiziliao/dgzz/201801/20180102699457.shtml；《2019 年我国对外劳务合作业务简明统计》，http://fec.mofcom.gov.cn/article/tjsj/ydjm/lwhz/202001/20200102932466.shtml。

② 《2020 年我国对外劳务合作业务简明统计》，http://www.mofcom.gov.cn/article/tongjiziliao/dgzz/202101/20210103033291.shtml。

③ 《2021 年我国对外劳务合作业务简明统计》，http://www.mofcom.gov.cn/article/tongjiziliao/dgzz/202201/20220103238999.shtml。

④ 《2022 年我国对外劳务合作业务简明统计》，http://www.mofcom.gov.cn/article/tongjiziliao/dgzz/202302/20230203384452.shtml。

除了因公因私短期出国的中国公民外，海外中国公民还包括华侨。目前，海外华侨华人的数量已达 6000 多万。^① 总之，随着大量中国公民走出国门，海外中国公民权益的受损案件日益增多。虽然新冠疫情期间中国公民出境的人数急剧下降，但是海外中国公民权益受损案件依然不少。下文将对海外中国公民权益可能受到的风险分布进行简单介绍。

二、海外中国公民权益风险总览

对海外中国公民权益遭受风险的情况通常有两种划分，一是按风险发生的地区来划分，二是按风险发生的类别或缘由来划分。

（一） 风险地域分布

海外风险的地域分布特点与中国公民出境目的地的选择息息相关。2016 年，中国对外劳务合作的派出人员大部分去往亚洲国家和地区，派出各类劳务人员数量约 34.9 万人，占总派出人数的 70.6%；年末在外各类劳务人员数量约 64.4 万人，占年末在外劳务人员总数的 66.4%。其次是非洲地区，派出各类劳务人员数量约 9.2 万人，占总派出人数的 18.5%；年末在外各类劳务人员数量约 23.3 万人，占年末在外劳务人员总数的 24.0%，^② 如图 1-1 所示。

根据中国旅游研究院发布的《中国出境旅游发展年度报告 2018》，2017 年中国游客出境目的地前 15 位为中国香港、中国澳门、泰国、日本、越南、韩国、美国、中国台湾、马来西亚、新加坡、印尼、俄罗斯和澳大利亚。^③ 可以看出，中国游客出境目的地以亚洲地区为主。

---

① 《（两会速递）隋军：为中国式现代化贡献侨界智慧力量》，http://www.chinaqw.com/qwxs/2024/03-09/374596.shtml。

② 《2016 年中国旅游业统计公报》，http://zwgk.mct.gov.cn/aut o255/201711/t20171108_832371.html。

③ 《中国出境旅游发展年度报告 2018》，https://xw.qq.com/amphtml/20180702B17S2W00。

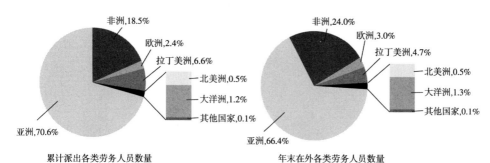

累计派出各类劳务人员数量　　　　年末在外各类劳务人员数量

图 1-1　2016 年中国对外劳务合作派出人员地区分布

资料来源:中国文化和旅游部官网。

　　根据外交部领事司的数据,2015 年发生在亚洲地区的领事保护与协助案件总数为 47 513 件,占全年总数的 55%,与上一年的 48% 相比有明显增加。比如,在泰国、韩国、日本、新加坡四国处理的案件总量达 31 857 件,占全年案件总数的 36.8%,其中驻泰国使领馆处理的案件达 12 307 起,占总数的 13.9%。[①]

　　依据上文的一些数据可以发现,目前海外中国公民权益受损案件的地域分布同中国公民出境目的地分布成正相关,发生权益受损案件最多的地区为亚洲。但同时在地域分布上还需要注意的一个特点是,各大洲的案件发生率[②]存在一定差异。根据外交部数据,每一万内地居民出境人次中出现的领事保护与协助案件,在美洲、大洋洲、亚洲和欧洲分别为 1.00 件、1.02 件、1.03 件和 1.45 件,而在非洲高达 4.80 件,如图 1-2 所示。非洲案件发生率高主要由以下两点原因导致:一是非洲地区的整体发展水平较低,国家政局动荡,政府治理能力较弱,导致社会治安问题频发;二是随着共建"一带一路"倡议的推进,中国企业对非洲投资增加,同时选址多位于偏僻地区。

_____

　　① 《2015 年中国境外领事保护与协助案件总体情况》,http://cs. mfa. gov. cn/gyls/lsgz/ztzl/ajztqk2014/t1360879. shtml。

　　② 外交部领事司统计的案件发生率指领事保护与协助案件数(件)/内地居民出境人次(万人次)。

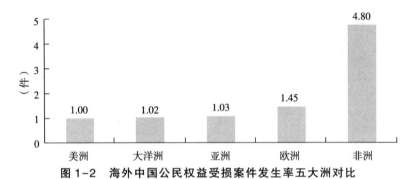

图1-2　海外中国公民权益受损案件发生率五大洲对比

资料来源：中国外交部官网。

注：以美洲为参照值 1.00 件。

（二）风险类别分布

随着海外中国公民权益受损案件数量的增加与规模的扩大，学术界对于海外中国公民权益受损的风险分类从不同的角度进行了论述，例如：李晓敏按照公民在海外安全事件的性质和起因来区分风险类别，主要分为政治性、政策类的风险，刑事犯罪类的风险，以及灾害和意外伤害类的风险及形式；[①] 骆克任以国内公共突发事件的类型为类比，将涉侨突发事件分为自然灾害类、事故灾难类、公共卫生类、政治文化冲突类、社会经济安全类。[②]

一般意义上，国际社会习惯把安全分为两大类，即传统安全与非传统安全。把这一分类应用于海外中国公民权益风险分类上，则可以把风险分为传统安全领域风险和非传统安全领域风险。

1. 传统安全领域风险

安全问题是国际关系领域的一个关键议题，而传统安全主要指代"高阶政治"层面的一些问题，涉及内政、外交、军事等直接危害一国

---

①　李晓敏：《非传统威胁下中国公民海外安全分析》，北京：人民出版社，2011年版，第74页。

②　骆克任：《海外同胞安全研究——安全预警与风险应对》，北京：社会科学文献出版社，2018年版，第68页。

主权的安全。具体到海外中国公民的风险方面，主要是指因传统安全问题而引发的海外中国公民权益受损的事件。这类事件发生的原因一般分为两类：第一类是中国公民所在国发生冲突。比如，2011年2月17日，利比亚爆发大规模反政府示威游行，引发国内局势动荡，严重危害到了在利比亚的中资企业与中国公民的合法权益，中国政府迅速组织撤侨行动，第一时间保护了中资企业与中国公民的合法权益。又如，2015年3月26日，由沙特、埃及、约旦、苏丹等国组成的国际联军对也门胡塞武装发动了军事打击，当地局势骤然紧张，对在也中国公民的合法权益造成损害，中国迅速组织撤侨行动，将几百名中国公民安全撤出也门。2022年2月24日，俄罗斯总统普京发表电视讲话，宣布决定在顿巴斯地区开展特别军事行动。次日，中国驻乌克兰使馆便紧急通知，对拟自乌克兰撤离的中国公民进行登记。第二类是中国公民所在国因与中国有所谓"主权争议"或因外交关系等因素单方面挑起事端，从而直接造成所在国中国公民的合法权益受到损害。比如，2010年9月7日，日本方面非法扣留了一艘载有15名中国籍船员的渔船，侵犯了他们的合法权益。

　2. 非传统安全领域风险

　根据外交部2015年归纳的领事保护案件分类情况，传统安全领域风险引发的海外中国公民权益受损案件的数量是最少的，且属于局部动荡引发的案件。外交部公布的领事保护案件排前三位的类型是出入境受阻、社会治安、经济和劳务纠纷，而其余的分别为非法移民和经商、意外事故、旅游纠纷、自然灾害、渔船被扣、恐怖袭击和劫持人质。由此可见，造成海外中国公民权益受损的风险来源主要还是非传统安全领域。

　冷战后全球化的进程日益加快，非传统安全问题凸显并逐渐形成传统安全外新的安全挑战。"非传统安全"一词最初是由理查德·乌尔在《重新定义安全》一文中提出的，他把贫困、疾病、自然灾害、环境问题等纳入安全的范畴中。① 中国有学者把非传统安全定义为一切免于由非军事武力所造成的生存性危险的自由。② 虽然非传统安全具有广义性、复合多维性的特点，但是简单而言其主要分为两类：一类是主观因素即人为因素造成的非传统安全风险，如恐怖袭击、盗窃、抢劫、绑架、流行性疾病、劳务和商业纠纷、交通意外、非法移民等问题；另一类是客观因素即自然因素造成的非传统安全风险，如地震、海啸、火山喷发等问题。但是需要注意的是，在实际案件中，主观因素与客观因素并非单独出现的，而往往是以相互交织的方式出现的。例如，2018 年 7 月 5 日发生在泰国普吉岛的游船倾覆事件中，共有 47 名中国公民死亡，而这场悲剧是恶劣天气和人为因素共同导致的。

三、海外中国公民权益风险特点与成因分析

结合中国外交部、国务院侨务办公室、中国侨网、中国领事服务网公布的相关数据，我们认为海外中国公民权益风险特点可以归纳为以下三点。

（一）海外安全形势严峻

伴随着海外中国公民数量的增加，公民权益受损案件的数量与案件发生率呈上升趋势。虽在 2016 年后领事保护与协助案件数量有所下降，但 2016 年到 2018 年的平均数依然高达 8 万件，如图 1-3 所示。2017 年慕尼黑安全会议的主题为"后真相、后西方、后秩序"，这在一定程度上反映出当今世界正处在一个剧烈变革的时代，在西方世界右翼与保守势力抬头的背景下，伴随着欧债危机、英国"脱欧"、难民危机等事件的发生，国际社会的不确定性因素日益增多。同时中国正

---

① Richard H. Ullman, "Redefining Security", *International Security*, Vol. 8, No. 1, 1983, pp. 129-153.

② 余潇枫、潘一禾、王江丽：《非传统安全概论》，杭州：浙江人民出版社，2006 年版，第 52 页。

处在一个海外利益扩展期，不论是对外投资，还是中国企业与公民"走出去"，规模都在持续扩大，2018 年中国的出入境人员突破 6 亿人次，其数量接近于美国人口的两倍。[①] 鉴于当前国际安全的严峻形势，海外中国公民权益维护机制的完善刻不容缓。

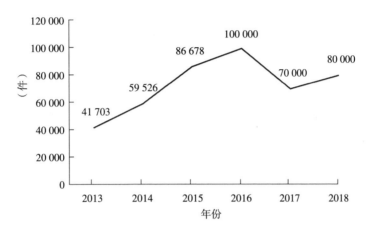

图 1-3　2013—2018 年领事保护与协助案件统计

资料来源：中国外交部官网。

（二）权益受损案件发生率地区分布不同

亚洲是海外中国公民权益受损案件数量和规模最大的区域，而非洲则是受损案件发生率最高的区域。2013 年中国提出共建"一带一路"倡议，共建国家从最初的亚洲和欧洲拓展到非洲、拉丁美洲和加勒比地区，而中国与亚洲国家的合作最多，无论是中国企业的对外投资目的地，还是中国公民的出境目的地，多以亚洲地区为主，同时亚洲及周边地区集中了海外大部分华侨及因旅游、求学、务工等私人事由出国的中国公民。根据外交部公布的 2015 年中国境外领事保护与协助案件总体情况，2015 年发生在亚洲地区的领事保护与协助案件总数为 47 513 件，占全年总数的 55%，如图 1-4 所示。

---

① 《2017 年度中国对外直接投资统计公报》，http://images. om. gov. cn/fec/201810/20181029160824080. pdf。

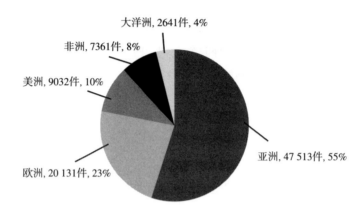

图 1-4　2015 年中国境外领事保护与协助案件地域分布

资料来源：中国外交部官网。

非洲地区的华侨或中国公民的数量并没有亚洲那么多，比如在非洲的劳务人员数量仅为亚洲地区的三分之一。但是非洲地区的经济发展水平较落后，部分国家或地区政局动荡，暴力冲突与示威游行频发，导致当地的社会治安水平较低。由于中国人在非洲多以"有钱人"的形象出现，加之其他种种因素，致使非洲成为海外中国公民权益受损案件发生率最高的地区。另外，非洲的医疗水平较落后，容易发生突发性传染疾病，这也是非洲权益受损案件发生率较高的因素之一。

（三）以非传统安全领域风险为主

导致海外中国公民权益受损的风险以非传统安全领域风险为主，传统安全领域风险发生概率较低，但由于其造成影响较大，依然要引起重视。非传统安全领域风险依然成为海外中国公民权益受损的主要来源，其中主要以人为因素为主，而人为因素又可以分为两种：一类是外生性人为因素，这类因素主要包含恐怖袭击、传染病、抢劫或绑架类型的刑事犯罪、经济纠纷类型的民事犯罪等等，例如，2012 年中国台湾渔船在索马里附近被海盗劫持，29 人被绑架，3 人不幸遇难，经过中国外交部四年半的努力，幸存船员全部获救，10 名中国公民安全回国；另一类是内生性人为因素，这类因素主要是指因中国公民个人疏忽或违法行为造成的权益受损行为，例如，2017 年在印尼巴厘岛火山喷发撤侨事件中，有部分中国公民全然不顾外交部多次发布的"安全提醒"，甚至在火山喷发前一天还继续前往巴厘岛地区。同时，非传统安全领域还有一个至关重要的自然灾害问题，而自然灾害导致权益受损案件的同时往往伴随着人为因素，例如，2018 年在泰国普吉岛发生沉船事件，几十位中国公民丧生，而事故原因既有恶劣天气的影响，也有公民出海不穿救生衣、无视极端天气提醒的内生性人为因素的影响。

最后需要提醒的是，传统安全领域风险的案件发生率虽然较低，但是影响范围却远超非传统安全领域风险，例如利比亚骚乱、也门骚乱、所罗门群岛骚乱等均需要动用国家层面的力量进行安全保护。

海外中国公民权益面临的风险何以出现上述特点？我们认为源自以下因素：

第一，中国海外权益的快速扩展和世界的适应问题。随着改革开放的不断深化、共建"一带一路"倡议的推动，走出国门的中国企业与中国公民日益增多，目的地也日益多样化。同时世界正处在适应中国发展强大的时期，尤其是周边国家和西方发达国家多对中国的发展强大保持谨慎态度，新的"中国威胁论"的出现反映出部分国家对中国发展强大的担忧，而这种担忧也会转变为一种对于海外中国公民权益的威胁，引发排华行为或限制出入境等问题。

第二，世界局势动荡下的冲突增加。在传统安全领域，地区冲突增多，国内动荡频发；在非传统安全领域，环境变暖引发自然灾害，全球贫富差距不断加大，极端宗教主义和分裂主义引发恐怖主义，海盗活动增多，等等。这些因素均有可能损害海外中国公民的合法权益。

第三，中国的身份转换和对国际规则的熟悉问题。中国从富起来到强起来的过程中，如何界定国家的身份，是一个需要面对的问题。中国正前所未有地走近世界舞台的中央，我们依然定位为发展中国家，而不少国家早已视中国为发达国家。同时，我们提出构建人类命运共同体理念，但对国际场域和国际规则还有一个不断熟悉的过程。就中国自身而言，海外权益扩展增速与保护海外权益的机制建设增速之间的矛盾显现，海外中国公民"走出去"的速度远快于权益维护机制建立的速度。另外，中国人的生活水平不断提高，但是一些人的国民心态、法律知识以及安全意识的提高相对滞后，导致其在海外时自身合法权益因一些内生性因素而遭到损害。

第二节 从中国外交部的"安全提醒"
看海外中国公民权益维护的形势和挑战

2010 年中国成为世界第二大经济体，随之而来的是中国的海外权益扩大，走出国门的公民和企业数量也持续增加，然而在海外权益快速拓展的背后，中国公民与企业的权益受损案件也随之增多，如何保护海外中国权益成为一个重要的课题。在保护海外中国公民权益方面，中国也在快速推进，尤其是在 2011 年利比亚撤侨事件中展现"中国式"撤离后，海外中国公民权益维护机制日益完善，充分体现了中国政府外交为民的理念。上一节已经对近些年海外中国公民权益维护事件作了概述，本节从中国外交部的"安全提醒"分析 2014—2018 年期间海外中国公民权益维护的形势和挑战。

一、可行性分析及分析依据

21 世纪以来，中国第一条海外"安全提醒"是在 2000 年 12 月 8 日发布的，随后本着"防范海外安全风险需要及时权威的旅行提示"的原则，中国的"安全提醒"保护机制的建立日益完善。从发布内容上，根据某些国家和地区的实际情况来及时发布权威性提示信息；从风险级别上分为"注意安全""谨慎前往""暂勿前往"三个级别；从发布时间上，提前发布不仅体现"安全提醒"的预警性，而且明确提醒有效期，从而可保证提醒科学性。正如 2019 年外交部领事司召开的领事工作媒体吹风会上所指出的，改革开放 40 周年的领事工作发展的第四件大事就是建立海外"安全提醒"发布机制。[①] 简单来讲，"安全提醒"是中国外交部根据某些国家或地区的具体实际情况及时发布的权威旅行提示。由此可见，"安全提醒"已然成为一种常态化的机制，在内容、风险分类及格式上都有明确规定，充分体现了数据的稳定性。鉴于此，本部分借用汪段泳[②]和李晓敏[③]的分析方式，以外交部每年发布的"安全提醒"为依据来说明 2014—2018 年的海外中国公民权益维护情况。

二、外交部"安全提醒"的概况和特点

基于"安全提醒"数据的稳定性，本部分通过中国领事服务网、"领事直通车"微信公众号，同时结合部分媒体报道，整理了 2014—2018 年的"安全提醒"数据。从安全类别上把"安全提醒"分为非传统安全与传统安全两个大类；从地区分布上分为亚洲、非洲、欧洲、北美洲、南美洲、大洋洲六个大洲；从风险来源上主要分为七类，即出入境问题、恐怖袭击、社会治安、遵纪守法、自然灾害、医疗安全、文化差异。同时需要作出特别说明的是，部分"安全提醒"是基于中国的节假日发布的，如提醒在英中国公民注意安全，平安愉快迎接新年；或者基于此类风险出现较多而发布的，如外交部领事司再次提醒海外中国公民防范电信诈骗；或者基于某国家或地区有特殊活动而发布的，如提醒中国公民在慕尼黑啤酒节期间注意安全。这几种"安全提醒"均没有明显的分类标识，所以在总提醒数据中包含了这几种"安全提醒"，但是在具体分类中并不包含。

---

① 《领事工作媒体吹风会现场实录（上）》，http://cs.mfa.gov.cn/gyls/lsgz/lqbb/t1628183.shtml。
② 汪段泳：《中国海外公民安全：基于对外交部"出国特别提醒"（2008—2010）的量化解读》，载《外交评论（外交学院学报）》，2011 年第 1 期，第 60—75 页。
③ 李晓敏：《强化对在高风险国家的中国公民保护机制——基于 2010—2014 年"安全提醒"数据的分析》，载《福建江夏学院学报》，2014 年第 6 期，第 35—42 页。

（一）整体上"安全提醒"的发布频率高

外交部领事司发布的"安全提醒"基本每天一条。据统计，2014—2018年"安全提醒"总计1610条，平均每年322条，发布频率接近于每天一条，如图1-5所示。近些年，中国公民"走出去"的人次不断增加，2018年更是首次突破6亿人次的大关，而2018年的"安全提醒"发布数量已经高达413条，发布频率达到每天1.16条。"安全提醒"的发布基于当前世界的安全形势，世界安全形势的好与坏整体上同"安全提醒"的发布数量成正相关关系。当今世界变乱交织，百年未有之大变局加速演进、世界安全形势不稳定性不确定性增加，可以预见，未来海外中国公民面临的权益风险形势可能更加严峻。

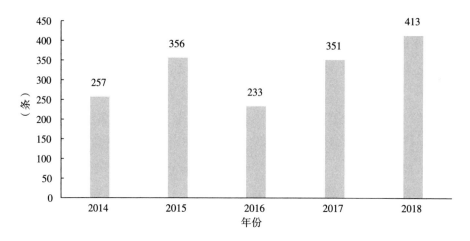

图1-5 2014—2018年"安全提醒"数量统计

资料来源：中国外交部官网。

（二）从安全类别上来看，非传统安全占比高

如何更好应对非传统安全是海外中国公民权益维护机制完善过程中的重中之重。2014—2018年发布的1610条"安全提醒"中，非传统安全有1425条，占比为88.5%；传统安全有185条，占比为11.5%。具体到每一年，可以发现，非传统安全的"安全提醒"占比

均高于 85%，如图 1-6 所示。造成这一现象的原因主要有以下四点：其一，冷战后，美苏两大阵营的对峙结束，世界格局发生巨变，形成一超多强的局面；其二，虽然地区冲突与国家内战时有发生，但是发生大规模热战的可能性降低；其三，全球化进程的推进使得世界的联系更为紧密，"低阶政治"成为国家关注焦点；其四，气候变暖、金融危机、族群冲突、恐怖主义等非军事领域的安全威胁日益凸显，从而导致国际社会对安全领域的关注重点发生变化。结合具体数据看，未来海外中国公民权益维护机制的建立需重点关注非传统安全领域的威胁。

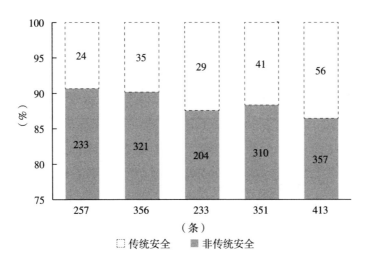

图 1-6　2014—2018 年"安全提醒"安全类别比例统计

资料来源：中国外交部官网。

（三）"安全提醒"的地域分布同中国公民出境目的地密切相关

如图 1-7 所示，"安全提醒"的地域分布基本同中国公民出境的目的地成正相关关系，亚洲高居第一位，非洲次之，欧洲为第三位，反映出海外中国公民权益维护机制建设中的重点关注区域。如图 1-8 所示，从"安全提醒"总量在各大洲的分布比例来看，亚洲为 38%，非洲为 26%，欧洲为 16%。造成这一现象的原因主要有以下两点：其一，亚洲为华侨华人分布数量最多的地区，中国公民前往亚洲的时间与物质成本较低；其二，近些年随着共建"一带一路"倡议推进与中国对非洲的投资增加，走向非洲的企业与公民数量增多。

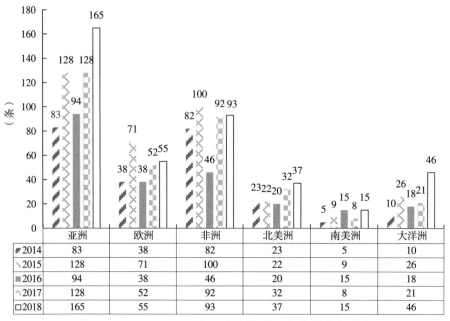

	亚洲	欧洲	非洲	北美洲	南美洲	大洋洲
2014	83	38	82	23	5	10
2015	128	71	100	22	9	26
2016	94	38	46	20	15	18
2017	128	52	92	32	8	21
2018	165	55	93	37	15	46

图 1-7 2014—2018 年"安全提醒"各大洲分布统计

资料来源：中国外交部官网。

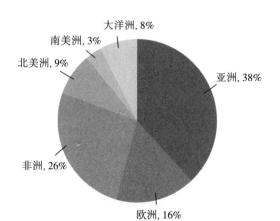

图 1-8 2014—2018 年"安全提醒"总量各大洲分布比例

资料来源：中国外交部官网。

同时，各大洲中国公民风险类别也存在很大的差异。传统安全领域的"安全提醒"同当今世界的热点地区分布基本重合，主要位于中东、非洲地区，这也同外交部发布的风险地区基本吻合。"领事直通车"微信公众号发布的"暂勿前往地区"，主要指安全形势严峻、面临极高人身安全危险，外交部建议短期内不要前往的地区，包含巴勒斯坦、阿富汗、马里、巴基斯坦、土耳其、埃及、缅甸、利比亚、伊拉克、索马里、中非、也门；"谨慎前往地区"，主要指安全形势紧张、需保持高度警惕，外交部提醒近期谨慎前往的地区，包含叙利亚、印尼、喀麦隆、尼日尔、加纳、黎巴嫩、刚果（金）、瑙鲁；"注意安全地区"，主要指突尼斯、墨西哥、阿尔及利亚、印尼、瑞典、马达加斯加、特立尼达和多巴哥、科威特、孟加拉国、沙特、利比里亚。可以看出，其中非洲与中东地区共有 22 个，占比高达 73.3%。欧洲地区虽然"安全提醒"的数量位居第三，但是其风险威胁的来源多属于非传统安全，排在首位的为社会治安类，即盗窃、抢劫、交通事故等，公民的合法权益受损多属于财产权益方面。

（四）"安全提醒"的具体风险来源多以社会治安类为主

社会治安类风险具有一定的偶发性，因此充分发挥社会、企业、个人这些非政府行为体的作用是应对此类风险的主要解决途径。本部分把"安全提醒"的风险来源分为七类，分别为：出入境问题，主要指出入境方面的风险提醒，如相关规定提醒、如何应对等；恐怖袭击，主要指依据已发生或将发生的恐怖袭击事件而发布的"安全提醒"；社会治安，主要指发生的刑事或民事违法事件，如盗窃、抢劫、绑架、枪击、交通安全等；自然灾害，主要指已发生或将发生的自然灾害现象，如地震、海啸、火山喷发等；遵纪守法，主要是提醒中国公民遵守所前往的国家或地区的法律，切勿因个人原因造成自身合法权益受损；文化差异，主要指在部分宗教氛围浓厚的国家，提醒公民尊重风俗，如沙特；医疗安全，主要指所前往的国家或地区已发生或可能发生的传染性疾病，如登革热、埃博拉等。如图 1-9 所示，社会治安与出入境问题的数量最高；而在整体的占比中，社会治安占比为 34%，出入境问题占比为 21%，如图 1-10 所示。

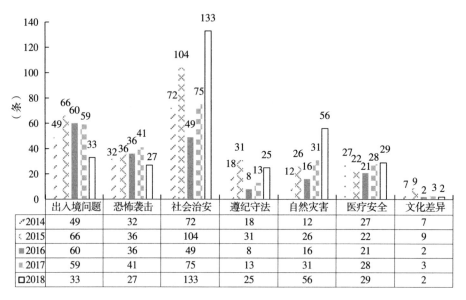

	出入境问题	恐怖袭击	社会治安	遵纪守法	自然灾害	医疗安全	文化差异
2014	49	32	72	18	12	27	7
2015	66	36	104	31	26	22	9
2016	60	36	49	8	16	21	2
2017	59	41	75	13	31	28	3
2018	33	27	133	25	56	29	2

图 1-9 2014—2018 年七类风险来源的"安全提醒"数量统计

资料来源：中国外交部官网。

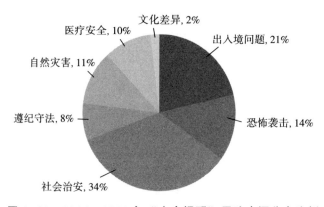

图 1-10 2014—2018 年"安全提醒"风险来源分布比例

资料来源：中国外交部官网。

第三节 新冠疫情期间海外中国公民面临的风险

新冠疫情期间，受防疫管控措施（出入境管制、高校停课、禁止聚会等）影响，部分海外中国公民面临出入境受阻、族群歧视、医疗物资短缺的困境。根据相关的资料，从风险发生的地区来看，世界各地的中国公民均面临合法权益受损的风险；从风险发生的类别或缘由来看，海外中国公民面临的风险来源主要分为出入境受阻、族群歧视、医疗安全三类问题。

一、出入境受阻问题

新冠疫情暴发初期，部分国家采取了相应的入境管制措施，造成部分海外中国公民滞留在海外。根据外交部领事司发布的部分国家有关新冠疫情防控的入境管制措施汇总表，从管制措施的具体内容来看，具体分为以下四类：一是对部分国家公民的签证采取收紧措施，如俄罗斯、蒙古国、越南等；二是对部分国家公民采取限制入境的措施，如朝鲜、萨摩亚、马绍尔群岛等；三是对部分国家的入境人员采取管控措施，如新加坡、菲律宾、马来西亚等；四是对入境人员采取体温监测及健康申报等检疫措施，如韩国、德国、法国等。① 其中，大多数国家采取的是第四类措施。受此影响，大量的国际航班被取消，造成部分海外中国公民滞留海外，如泰国曼谷、马来西亚沙巴州、日本东京等地均出现了中国公民滞留的情况。

除了出入境管制措施，部分国家甚至宣布进入紧急状态或战时状态，如葡萄牙、菲律宾、美国、日本等国均宣布进入紧急状态。这些国家采取更为严格的防疫管控措施，如关闭国内非必要的公共场所、关闭学校或停课、限制或禁止举行聚集性活动。受此影响，尤其是部分国家采取的关闭学校或停课的措施，导致部分留学生面临不少现实

---

① 《提醒中国公民留意外方有关肺炎疫情防控的入境管制措施》，http://cs.mfa.gov.cn/zggmzhw/lsbh/lbxw/t1737512.shtml。

困难。据教育部统计，海外中国留学人员的总人数为 160 万人，当时尚在国外的大约有 140 万人。① 留学生人数众多且分布地区复杂及需求差异较大等特点，给中国的领事保护工作提出了挑战。尤其是其中还有一部分为小留学生，在当地中小学停课、学校宿舍无法继续住的情况下，生活自理能力及安全防护能力相对较弱的他们急需回到国内亲人身边。可以看出，新冠疫情期间，出入境受阻问题是海外中国公民面临的一个主要风险来源，也是中国领事保护工作中重点应对的难题。

二、族群歧视问题

新冠疫情期间，部分西方媒体或政客出于宣传与政治目的，刻意发表一些不负责任的歧视中国人的言论。另外，由于文化的差异，部分习惯戴口罩的中国人遭受歧视，甚至被谩骂，其合法权益受到侵害。虽然疫情期间因种族歧视造成海外中国公民权益受损的案件较少，但是在海外的中国公民依然要警惕此类风险，注意自我保护，防止自身权益受到侵害；若出现此类事件，要通过报警、求助当地使领馆或侨团等方式维护好自身合法权益。

三、医疗安全问题

医疗安全风险是新冠疫情期间海外中国公民面临的又一个风险来源，随着疫情的蔓延，各国的医疗资源均十分紧缺。海外中国公民面临着当地医疗资源紧缺带来的医疗安全风险。尤其是一些在海外确诊的中国公民出现了就医困难的情况，自身的生命安全受到威胁。如 2020 年 2 月 1 日，豪华邮轮"钻石公主号"上有一名香港乘客被确诊，随即整个邮轮被隔离，由于乘客中有需要定期服用药物和被确诊

---

① 《国新办就疫情期间中国海外留学人员安全问题举行发布会》，http://www.china.com.cn/zhibo/content_75887039.htm。

的中国公民，中国驻日本使馆向他们提供了帮助。①

　　鉴于出入境受阻、族群歧视、医疗安全三类问题成为海外中国公民权益受损的主要风险来源，中国开展的领事保护工作也相应地进行了调整，采取了包机撤离、进行医疗援助等行动，并发布"安全提醒"，如提醒中国公民及时关注目的地的出入境管制措施、自觉遵守目的地国的防疫措施、同中国驻当地使领馆保持联系等。

本章小结

　　随着中国发展强大，中国公民"走出去"越来越频繁，规模越来越大，在海外所面临的风险也越来越多。从类型上看，非传统安全领域风险的案件发生率占比更高，对海外中国公民权益的影响更大。从地域上看，目前海外中国公民权益受损案件的地域分布同中国公民出境目的地成正相关关系，发生权益受损案件最多的地区为亚洲。

---

①　《"钻石公主"号邮轮上港澳同胞致信使馆感谢祖国》，https://www.xinhuanet.com/politics/2020-02/13/c_1125569589. htm。

第二章　海外中国公民权益维护的领事机制

海外中国公民权益维护最重要的路径和机制是领事保护。本章选取了比较有代表性的四个案例来进行分析，首先通过梳理权益维护过程中各主体所采取的行动，对海外中国公民权益维护的具体情况进行简要回顾，然后对每个案例如何体现海外中国公民权益维护的"中国方案"进行分析，并对此案例中权益维护过程中的特点进行归纳和总结。

第一节　海外中国公民权益领事保护的"中国方案"

当前中国正处于海外权益扩展时期，中国公民"走出去"的规模日益扩大，经验日益丰富，相关机制逐步完善。但是，并非每一种案件的处理均使用同一种方式，而是具体案件具体处理。依据第一章的分析，海外中国公民面临的风险分为传统安全与非传统安全两大类，因此本章将基于以下两点选择具有代表性的案例分析其所体现的海外中国公民权益维护的"中国方案"及运行情况：其一，传统安全领域的风险主要来自地区冲突与政局动荡，需要对正处在风险地区的中国公民进行大规模撤离，这体现了海外中国公民权益维护在大规模撤侨行动中的现实情况；其二，对于非传统安全领域的风险主要来自出入境、社会治安和自然灾害等问题，一般情况下并不需要大规模的撤侨行动，因此非传统安全领域中我们依据风险程度来进行案例选取。

一、海外撤离——2015 年也门撤侨行动

本部分认为，海外撤离所指代的就是安全撤离在海外因受到传统或非传统安全领域威胁的公民，其目的是保护好本国公民的合法权益，是一种大规模的保护行动。利比亚撤侨行动让世界看到了中国保护本国公民的决心和能力，本部分则选取了 2015 年也门撤侨行动，一方面，也门撤侨行动同利比亚撤侨一样均由传统安全领域风险引发，另一方面，本次撤离又加入了中国海军这一救援主体。

（一）案件回顾

胡塞武装与萨利赫于 2014 年结成同盟，在经济形势恶化与"能源改革"等因素的推动下，公开同哈迪政府进行对抗，在国内国际环境的影响下，双方斗争日趋激烈，也门局势日益紧张。随着也门国内安全形势恶化，英国、美国、德国等国家逐渐关闭本国使领馆，中国外交部也不断发布"安全提醒"，从 2014 年 1 月至 2015 年 4 月共发布 9 条高危安全提醒，在 2014 年 9 月 25 日发布撤离提醒，要求中国公民若没有紧急事情应尽快撤离。①

1. 党中央及部委层面

也门局势恶化后，在也中国公民急需安全回家。2015 年 3 月，在党中央、国务院关于撤侨行动的系统部署下，中国海军护航编队迅速前往也门参加撤离。外交部迅速启动应急机制，向驻也门使馆、驻亚丁总领馆下达指令，要求暂定于 3 月 30 日开展撤离行动，除部分人员留守外，驻亚丁总领馆其他人员、亚丁医疗队及总领馆所辖领区的中资机构和中国公民全部撤离，两艘军舰分别到亚丁港和荷台达港执行

---

① 《提醒在也门首都萨那的中国公民尽快撤离》，https://www.gov.cn/fuwu/2014-09/25/content_2755948.htm。

撤离任务。①

2. 军队层面

面对也门紧张局势，根据党中央、国务院的部署，中央军委立刻向海军第十九批护航编队下达相关命令，由其负责执行本次撤离任务。2015 年 3 月 27 日 0 时 30 分，临沂舰、潍坊舰、微山湖舰抵达也门亚丁港海域。根据提前部署的方案，临沂舰靠泊吉布提港 9 号码头，顺利将撤离人员移交中国驻吉布提使馆；潍坊舰靠泊胡赛武装控制的荷台达港，成功撤离 449 名中国公民和 6 名中企外籍员工；返航的临沂舰靠泊荷台达港，顺利组织 38 名中国公民和 45 名斯里兰卡公民撤离。②

3. 驻外使领馆层面

参与本次撤离任务的是驻也门使馆和驻亚丁总领馆，周边其他使领馆给予配合。从工作内容上，驻外使领馆的工作主要分为三个阶段：第一阶段为准备阶段，驻也门使馆首先需要部署好使领馆内部的工作任务，如启动应急机制、及时向外交部汇报情况、销毁使领馆内部资料；第二阶段需要统计好撤离的中国公民名单，联系相关企业和人员进行配合，对第二天的路线进行踩点；第三阶段为较为关键的协调阶段，主要是同也门当地政府及有关方面进行协调，获得军舰入港许可。

4. 个人与企业层面

部分在也中国公民和企业，察觉到也门的紧张局势后，及时联系驻也使领馆并保持联系。例如，哈达拉毛省偏远地区一所有十几名中国学生的伊斯兰学院向使馆进行求助。③ 一家阿比扬水泥厂内有约 110 名中国工人及两名外籍专家需要撤离，水泥厂积极配合。

总之，在党中央的统一指挥和外交部的具体协调下，海军、驻有

①《祖国在你身后：中国海外领事保护案件实录》编写组编：《祖国在你身后：中国海外领事保护案件实录》，南京：江苏人民出版社，2016 年版，第 36 页。

②《临沂舰：与时间赛跑的也门救援》，http://www.mod.gov.cn/action/2018 - 09/10/content_4824573.htm。

③ 同①。

关国家使领馆迅速响应，立即开展撤侨行动，需要撤离的中国公民积极配合，高效有序地撤离了613名中国公民，以及来自15个国家的279名公民。

（二）案件特点

传统安全领域风险的案件发生率虽然较低，但是其所引发的影响却是巨大的。一个国家因为地区冲突、政变等原因而爆发军事冲突，不仅会造成人员伤亡，还会导致政府瘫痪，引发社会治安问题，成为非传统安全领域风险的诱发因素。2015年也门撤侨正属于因传统安全引发的大规模撤侨行动，同2011年的利比亚撤侨行动一样，也门撤侨行动之所以能够迅速且高效地完成任务，一方面得力于参与主体之间的密切合作，另一方面则得力于党中央的统一领导与指挥，而这也是本次撤侨行动取得成功的重要原因。上文提到海外中国公民权益维护"中国方案"的一个具体体现就是体制优势下的总体外交，无论是2015年也门撤侨行动，还是2011年利比亚撤侨行动，正是在党中央的统一领导下，各参与主体才能密切配合，顺利完成撤离任务。可以发现，在此类涉及人数较多、规模较大的海外中国公民权益维护行动中，体制优势下的总体外交特色得以充分彰显。

此外，2015年也门撤侨行动还有以下两个特点：一是中国海军的加入，充分体现了中国政府保护海外中国公民的决心，体现了中国外交践行外交为民的理念；二是撤侨行动充分体现了中国的大国担当，在其他国家政府与公民的请求下帮助撤离近300名外国公民，反映出中国在强大后也在逐渐承担更多的国际责任。

二、暴恐袭击——2015年"8·17"曼谷爆炸案

在中国外交部发布的"安全提醒"中，属于非传统安全领域风险的恐怖袭击也是占比较高的一种风险来源，它给中国公民带来的伤害同样是巨大的。因此，本部分选取了2015年发生在曼谷的"8·17"

爆炸案作为案例，具体分析在暴恐袭击案件中海外中国公民权益维护的"中国方案"及运行情况。

（一）案件回顾

2015 年 8 月 17 日晚，一声剧烈的爆炸声使得本应充满"静逸"与"幸福"的泰国首都曼谷成为许多家庭的悲伤之地。为维护在那里的中国公民的安全，中国有关方面和部门采取了果断、迅速的救援措施。

1. 中央及部委层面

在 2015 年"8·17"曼谷爆炸案发生后的第一时间，外交部便启动了应急管理机制，同时向驻泰国使馆下达指示，要求其在第一时间核实情况，不惜一切代价救治中国公民。

2. 驻外使领馆层面

2015 年"8·17"曼谷爆炸案发生后，中国驻泰国使馆立即启动应急机制，并迅速开展救助行动。在此次爆炸案的处理工作中，使馆的工作主要分为两个部分，即"黄金 72 小时的闪电救援战"与"暖心 8 个月的善后持久战"。

在"黄金 72 小时的闪电救援战"期间，使馆的工作主要为"协助+协调"。"协助"主要包含三方面内容：其一，协助爆炸事件中受伤的中国公民进行医疗救助，如由于受伤中国公民同当地政府工作人员的语言不通，使馆工作人员只能通过逐家医院走访的方式来统计受害者的详细情况，了解他们的诉求；其二，协助受害者家属第一时间前往泰国，如帮助一位四川籍伤者的母亲快速办理护照手续；其三，协助外交部的领导工作，及时汇报爆炸案情。"协调"主要包含两方面内容：其一，同泰国有关部门协调救援工作、赔偿事宜、家属安置问题等，如 2015 年 8 月 19 日出席泰方工作组、中国驻泰国使馆、中国国家旅游局、泰中旅游公会、遇难者家属五方联席会议;① 其二,协调当地华侨华人志愿者与华侨华人社团的志愿者工作,如领事部相关负责人专门召集志愿者代表协调会,统筹各方资源,指导协调志愿者团队进一步做好重症伤员的后续救助工作,② 并组建了"志愿者团队为主,侨团为辅"的联合志愿团队。

在"暖心8个月的善后持久战"期间,两个重要的工作为重伤中国公民的治疗与抚恤赔偿事宜。需要特别说明的是抚恤赔偿事宜,由于中泰两国赔偿标准的差异,受害者获得的赔偿款与国内的差距较大,为了给予受害者更多的帮助,使馆一方面同泰方不断协调,另一方面寻求当地华侨华人与侨团的帮助。

3. 华侨华人与侨团层面

2015年"8·17"曼谷爆炸案也牵动着当地的华侨和侨团。比如,泰国某华侨主动看望遇难者家属并捐款,还向家属介绍泰国实际情况,希望家属理解政府工作。③ 另外,一些当地华侨华人发挥自身语言优势,组成志愿者团队,前往医院、机场等地进行翻译与协助工作。侨团方面,泰国中国和平统一促进会总会、北京商会、福建商会等侨团纷纷出资出力,为遇难者家属募捐,提供志愿服务,如于2015年10月18日组织了"月亮代表我的心"募捐演唱会,并最终筹得120万泰铢(约合人民币24万元)。④ 泰国中国和平统一促进会总会发出特别通知,提醒在"8·17"曼谷爆炸案中的受伤者或者需要帮助的中国游客,可以随时联系泰国中国和平统一促进会总会,将获得无偿援助。⑤

---

① 《祖国在你身后:中国海外领事保护案件实录》编写组编:《祖国在你身后:中国海外领事保护案件实录》,南京:江苏人民出版社,2016年版,第99页。

② 同①,第104页。

③ 同①,第111页。

④ 同①,第107页。

⑤ 《泰国和统会高度关注曼谷爆炸事件并为有需要人士提供帮助》,https://mp.weixin.qq.com/s/kpC7z4781hA83NfPG9rCmw。

（二）案件特点

2015 年 "8·17" 曼谷爆炸案造成了 7 名中国公民死亡、26 人受伤，从安全领域来看明显属于非传统安全领域，其风险来源为暴恐袭击。可以发现，在此类案件中，由于中国公民处于案件所在地，不仅财产权益受损，还有人员伤亡。除此之外，本次爆炸案表现出中国在海外公民权益维护实践中一个具有中国特色的特点，即华侨华人与侨团的作用。

亚洲地区是发生海外中国公民权益受损案件最多的地区，同时也是世界上华侨华人数量最多的地区，并且主要分布于东南亚地区。如此庞大的华侨华人群体是中国在海外公民权益维护过程中的重要力量，2015 年 "8·17" 曼谷爆炸案救助过程中当地华侨华人和侨团发挥了重要作用，彰显了海外领事保护 "中国方案" 的两大特色，即国内多元主体和海外华侨华人的协同参与。

三、跨国协作——2011 年 "10·5" 湄公河大案

每一起海外中国公民权益受损案件的背后必然涉及中国与案件发生国，双方在协作处理案件过程中的协商与合作体现了领事保护 "中国方案" 的又一特点，即不干涉原则下的协商文化。本部分选取了 2011 年 "10·5" 湄公河大案作为分析案例，主要是基于 "10·5" 湄公河大案涉及中国、缅甸、泰国、老挝四国，四国协作更能体现出中国不干涉原则下的协商文化。

（一）案件回顾

2011 年 10 月 5 日，两艘中国商船在湄公河 "金三角" 流域遭遇劫持，13 名中国籍船员被枪杀，并被冠以 "毒贩" 的罪名。[1] "10·

---

[1] 邹伟：《洗冤伏枭录——湄公河 "10·5" 血案全纪实》，北京：人民出版社，2013 年版，第 199 页。

5"湄公河大案在中国和有关周边国家引起广泛关注，党中央要求迅速查明真相，抓捕犯罪分子，切实保护中国公民的合法权益。随即，在党中央和国务院的领导下，外交部、公安部、有关地方政府迅速开展工作，"10·5"湄公河大案进入侦破阶段。

1. 中央及部委层面

2011 年"10·5"湄公河大案发生后，党中央和国务院高度重视并作出专门部署，中央有关部委迅速开展工作，为 13 名无辜中国公民洗刷冤屈，本部分主要介绍外交部与公安部在与缅甸、泰国、老挝协作处理本次案件过程中所体现的不干涉原则下的协商文化。

案件发生后，外交部第一时间启动应急机制，一是要求驻泰使馆、驻清迈总领馆立即搜寻中国公民下落；二是向泰国、缅甸、老挝驻华使节提出紧急交涉，表明中方态度，要求查明真相、严惩凶犯；三是撤离滞留泰国的中国船员与船只，要求泰方提供安全保护，保证受此次案件影响的中国船员与船只顺利回国，截止到 10 月 23 日滞留的 26 艘船只与 164 名船员顺利回国。①

公安部的主要任务是侦破案件，也正是在案件的侦破过程中充分体现了不干涉原则下的协商文化。由于本次案件涉及中国、缅甸、老挝、泰国四国，为了推动案件快速侦破，中方提出建立中老缅泰湄公河流域执法安全合作机制。值得注意的是，此次合作机制从提出到建立仅用时一周，而这一四国执法安全合作机制的快速建立得益于中方同缅甸、泰国、老挝三国的密切协调。四国执法安全合作机制的快速建立，使得"10·5"湄公河大案的取证、抓捕、审讯、宣判四个阶段得以顺利推进，而每个阶段均体现出中国在保护海外公民权益过程中不干涉原则下的协商文化。在取证阶段，专案组相关负责人就定下原则，要求始终严格遵循和平共处五项原则，要充分尊重他国的主

---

① 《湄公河船员遇袭专题》，http://cs.mfa.gov.cn/gyls/lsgz/ztzl/lbdxal/cymghyx_645677/。

权。① 在抓捕阶段，首先联合相关国家警方，抓捕了岩相宰，成功打开第一个突破口；其次同老挝合作抓捕三号人物依莱，使案件更加清晰；最后在与老挝警方的合作下相继抓捕了二号人物桑康·乍萨与首犯糯康。在审讯阶段，中国联合工作组先后前往老挝、泰国、缅甸协同进行联合审讯，并在 2012 年 8 月 28 日经过与缅甸协商把四号人物翁蔑移交中方审讯。② 在宣判阶段，考虑到几名罪犯的国籍，中国不仅充分尊重其语言与文化习俗，而且在充分保证其权利的前提下依法对其作出判决。

2. 地方政府层面

在 2011 年 "10·5" 湄公河大案中，由于云南与缅甸、老挝接壤，因此云南省政府也参与了本次案件的处理，其主要职责为：一是协助外交部做好受案件影响滞留泰国的中国船员与船只的接待工作，二是协助公安部进行案件的侦破工作。除此之外，云南省政府紧急启动突发事件Ⅰ级响应机制，并加强澜沧江-湄公河黄金水道运输安全的维护工作。

总之，在党中央、国务院的坚强领导下，在外交部、公安部、云南省政府等共同努力下，2011 年 "10·5" 湄公河大案顺利结案，既体现了中国保护本国公民的决心，也彰显了中国在保护海外公民权益过程中不干涉原则下的协商文化。

（二）案件特点

这类发生在国外的中国公民被杀害的案件并非仅此一例，仅糯康犯罪集团自 2008 年起就对中国公民和船只实施抢劫 28 起，共造成 16 人死亡、3 人受伤。③ 因此，总结梳理 2011 年 "10·5" 湄公河大案的

---

① 邹伟：《洗冤伏枭录——湄公河 "10·5" 血案全纪实》，北京：人民出版社，2013 年版，第 85 页。

② 同①，第 204 页。

③ 同①，第 176—177 页。

成功经验十分重要。这一成功经验就是加强跨国合作，而在跨国合作中又要有所注意。正如专案组相关负责人在办案过程中要求的，必须遵循和平共处五项原则来处理案件，反映到海外公民权益维护中则是要充分体现不干涉原则下的协商文化。

四、公民求助——助"特殊人员"顺利回国

透过 2015 年也门撤侨行动与 2015 年"8·17"曼谷爆炸案这类重大海外中国公民权益维护案件，可以归纳与分析海外中国公民权益维护在大规模救助活动中所体现的"中国方案"，但实际上外交部领事司每年处理的几万起案件中绝大多数还是小案件，涉及人数也多为几个人，甚至一个人，此类案件虽然从舆论影响力上要小得多，但是对于涉案的中国公民个人而言却很重要。因此本部分从小案件中选取了一个比较有特色的案例，其特色体现在两点：一是涉案人员身份特殊，二是事件虽小但时间跨度很长。

（一）案件回顾

2006 年，一名四川籍中国公民杨某在中国台湾"海煌"号鱿鱼捕捞船上工作时同一名东北籍中国船员发生冲突，最后导致东北籍船员死亡，杨某被乌拉圭法院判处有期徒刑 10 年。①

在此案件中，驻乌拉圭使馆发挥了主要作用。其一，负责在杨某服刑期间的日常探望，帮助其改过自新。其二，在杨某刑满释放后协调杨某回国的事宜，主要是与乌拉圭监狱、法院、移民局、法院进行协调。首先是杨某在监狱里表现优异，获得了一些薪酬，使馆协助把这笔报酬兑换成现金；其次由于杨某护照失效，无法在旅馆登记入住，使馆帮助杨某安排住宿；最后在机场移民部补办离境手续，帮助杨某顺利回国。

---

① 《外交官在行动：我亲历的中国公民海外救助》编委会编：《外交官在行动：我亲历的中国公民海外救助》，南京：江苏人民出版社，2015 年版，第 215 页。

（二）案件特点

这个案件风险程度较低，主要涉及杨某出狱后是否能够顺利获得在服刑期间的劳动所得。从救助过程来看，驻乌拉圭使馆主要的工作内容是协调，因此在帮助杨某回国的过程中展现了海外中国公民权益维护"中国方案"中不干涉原则下的协商文化。杨某的身份由于经历从服刑人员到刑满释放人员的转变，具有一定的特殊性，因此使馆在救助杨某的过程中既需要充分保障杨某作为中国公民的合法权益，又需要充分尊重乌拉圭的法律，在不干涉乌拉圭内政的前提下保护好杨某的合法权益。在此背景下，使馆的协调方式体现了"工夫在诗外"的重要性，在充分尊重乌拉圭法律的前提下，通过使馆积累的"软实力"来实现对杨某合法权益的保障，体现出中国在海外公民权益维护中不干涉原则下的协商文化。

第二节　新冠疫情期间中国领事保护的机制评析

新冠疫情期间，中国政府本着外交为民的理念，开展了一系列领事保护工作，包括组织包机撤离、开展医疗援助、发布"安全提醒"、提供热线服务等。

为了从整体上分析与把握新冠疫情形势下中国领事保护机制运行情况，我们研究时根据新冠疫情暴发的时间轴，整理了 2020 年 1 月 1 日至 7 月 31 日期间中国政府开展的一系列领事保护事件，这些资料主要来自中国外交部官网、中国领事服务网、中国侨网、"领事直通车"微信公众号、中国民用航空局官网、中国教育部官网、中国国家卫生健康委官网等发布的权威信息。另外，根据疫情蔓延和确诊病例的区别，在本部分中把疫情防控分为上下两个阶段：2020 年 1 月初到 2020 年 3 月底，由于新冠肺炎的确诊病例主要集中在中国境内，海外中国公民面临的风险来源主要为出入境受阻等问题，领事保护工作的对象主要为湖北籍的中国公民，在本部分中将其视为疫情防控的第一阶段；2020 年 4 月初至 7 月底，中国国内的疫情防控形势基本得以控制，世界其他国家的新冠疫情形势严峻，新冠肺炎的确诊病例主要集中在除中国以外的其他国家，海外中国公民面临的风险来源主要为出入境受阻、医疗物资缺乏等问题，领事保护工作的对象主要为中国留学生，在本部分中将其视为疫情防控的第二阶段。

一、新冠疫情期间中国领事保护的主要工作

改革开放前，公派和因私短期出国的中国公民较少，因此领事保护的对象主要为华侨，当时的领事保护被称为"护侨"。随着改革开放的不断深化，短期出国的中国公民越来越多，中国政府处理的领事保护和协助事件日益增多。随着领事保护工作实践经验的积累，中国的领事保护机制也日趋完善。《中国领事保护和协助指南》（2015 年）指出，领事保护是指中国政府和中国驻外外交、领事机构维护海外中国公民和机构安全及正当权益的工作。[①]《维也纳领事关系公约》规定，领事职务由领馆行使，而领事职务第一条就是在国际法许可限度内，在接受国内保护派遣国及其国民（个人与法人）的利益。[②] 在这一范围内，面对新冠疫情，本着维护好海外中国公民合法权益的理念，中国政府开展了大量的领事保护工作，采取了包机撤离、医疗援助等行动；并发布"安全提醒"，如及时关注目的地的出入境管制措施、自觉遵守目的地国的防疫措施、同当地中国使领馆保持联系等。为了从整体上了解新冠疫情下的中国领事保护工作，依据领事保护工作内容的共性，在本部分中把 2020 年 1 月 1 日到 7 月 31 日期间的中国领事保护工作大致分为三类，即日常领事保护工作、包机撤离工作和医疗援

[①]《中国领事保护和协助指南》（2015 年），https://www.fm prc.gov.cn/web/ziliao_674904/lszs_674973/t1383302.shtml。

[②]《维也纳领事关系公约》，http://www.gqb.gov.cn/node2/node3/n ode5/node9/node111/userobject7ai1419.html。

助工作。

（一）日常领事保护工作

保护在海外本国公民的合法权益是一国政府及其驻外机构的一项重要责任，因此领事保护工作是驻外机构的日常工作之一。但本部分所说的日常领事保护工作主要是指同新冠疫情相关的"安全提醒"发布、数据收集及信息公示、办公热线及日常证件办理工作。自 2020 年 1 月初到 7 月 9 日期间，中国外交部通过中国领事服务网、"领事直通车"微信公众号共发布了 120 条同新冠疫情相关的"安全提醒"，内容主要为提醒中国公民注意各国的出入境管制措施、国内防疫措施、如何做好个人的预防、各国关于转机的安全要求等。除此之外，各驻外使领馆通过使领馆官网也发布了新冠疫情防控"安全提醒"，并第一时间公布了所在国和有关地区的具体防疫管控措施，如中国驻纽约总领事馆于 2020 年 1 月 26 日发布了美国预防新冠疫情的暂行指南，[1] 中国驻韩国使馆于 1 月 27 日发布了关于防范新冠疫情的提醒。[2] 由此可见，"安全提醒"的及时性以及覆盖面均是有一定程度保证的。

新冠疫情的突发性以及海外中国公民需求的差异性导致各驻外机构需要及时收集海外中国公民的相关信息，尤其是湖北籍中国公民在海外的信息。2020 年 1 月 31 日，中国驻大阪总领事馆发布关于请居留日本关西地区中国湖北籍游客报备相关信息的通知。[3] 2 月 1 日，中国驻纽约总领事馆发布紧急通知，要求领区内中国湖北籍公民向总领馆备案。[4] 从发布通知的时间上可以发现，使领馆的反应速度是非常快速

---

[1] 《提醒：美国疾病控制和预防中心发布预防新型冠状病毒传播暂行指南(中文版)》，http://newyork. china-consulate. org/chn/fwzc/zxtz/t1736314. htm。

[2] 《关于防范新型肺炎疫情的提醒》，http://kr. chine seembassy. org/chn/sgxx/t1737009. htm。

[3] 《关于请居留日本关西地区中国湖北籍游客报备相关信息的通知》，http://osaka. china-consulate. org/chn/tzgg/t1737798. htm。

[4] 《紧急通知! 请领区内中国籍湖北居民向总领馆备案》，http://newyork. china-consulate. org/chn/fwzc/zxtz/t1738249. htm。

的。除此之外，12308 全球领保热线 24 小时开通，日均人工接听海外中国公民的求助电话 1100 余通。① 日常领事保护工作不同于利比亚、也门撤侨这类大型的领事保护和协助工作，但是日常领事工作却是最基础的，"安全提醒"发布得越及时、越精准，就越可以起到防患于未然的作用，可有效避免海外中国公民的合法权益受到损害。

（二）包机撤离工作

包机撤离主要是指受新冠疫情以及各国出入境管控措施的影响，部分中国公民滞留海外难以顺利回国，中国政府通过包机撤离的方式把他们安全接回国内。近年来，因受特殊事件的影响，中国多次采取了包机撤离的方式把滞留在海外的中国公民安全接回国，如 2011 年利比亚撤离中国公民行动、2017 年印尼巴厘岛撤离中国公民行动等。包机撤离已经成为中国开展领事保护工作的一项重要手段。

新冠疫情期间，中国开展了多次包机撤侨行动。根据中国民用航空局发布的数据，2020 年 1 月 31 日，中国政府派出两架包机分别从泰国、马来西亚接回滞留在海外的中国公民 199 人。截至 4 月 13 日，民用航空局协调安排 28 次航班，协助 4082 名海外中国公民回国。其中，截至 3 月 1 日，民用航空局进行了 12 次包机撤离行动，接回滞留海外中国公民 1338 名，其中 1314 名为中国湖北籍公民。② 从 3 月 4 日到 4 月 13 日，民用航空局共安排 16 架次临时航班，协助 2744 名中国公民回国，其中留学生 1449 名。③ 截至 6 月底，民用航空局协调组织航班从疫情严重国家接回中国公民 19 787 人，完成海外留学生"健康包"

---

① 《外交部：12308 热线日均人工接听各类求助电话 1100 通》，http://tv. people. com. cn/n1/2020/0305/c413792-31618607. html。

② 《民航战"疫"中的重大运输 38 天全纪实》，http://www. caac. gov. cn/XWZX/GDTPW/202003/t20200310_201373. html。

③ 《民航局召开 4 月例行新闻发布会》，http://www. caac. gov. cn/XWZX/MHYW/202004/t20200415_202053. html。

物资运输89.5万份共698吨。① 可以看出，以3月1日为时间节点，此前阶段包机撤离的海外中国公民主要为湖北籍人员，此后阶段包机撤离的海外中国公民主要为留学生群体。

2020年2月2日，受菲律宾政府发布的临时入境禁令的影响，菲律宾航空公司取消了往来于菲中两国的全部航班，此举导致446名中国公民滞留马尼拉国际机场。中国驻菲律宾使馆获知消息后，第一时间采取行动，与菲律宾移民局、机场管理局、菲律宾航空、宿务太平洋航空、亚洲航空等单位进行紧急协调与沟通。2月4日，滞留在马尼拉机场的446名中国公民全部得到妥善安置，其中387名中国公民回国，部分游客自行解决回国问题或决定暂留菲律宾。② 3月28日至30日，600余名拟在埃塞俄比亚转机回国的中国公民滞留在埃塞俄比亚首都亚的斯亚贝巴宝利国际机场，乘客中80%为来自欧美等地的中国留学生。中国驻埃塞俄比亚使馆启动紧急处置预案，派人员赴机场协调安置中国公民。一是安抚机场中国公民及其国内亲属，为有需求的中国公民发放口罩等防疫物品；二是积极同埃塞俄比亚航空高层开展协调工作，为滞留中国公民提供食宿等保障；三是与国内相关部门及民航部门紧急沟通协调，调整航班班期，并申请特许增开临时航班。截至3月30日，滞留在埃塞俄比亚的中国公民均已搭乘航班安全返回国内。③ 通过以上两个包机撤离的具体案例可以发现，新冠疫情期间发生的海外中国公民滞留事件，主要是临时性的出入境管制措施造成的。在开展领事保护工作时，驻外使领馆扮演了协调者的角色，一方面向外交部汇报情况，同国内相关部门沟通协调；另一方面同所在国政府及相关部门协调沟通，最终达到保护好海外中国公民权益的目的。另

---

① 《2020年全国民航年中工作电视电话会议在京召开》，http://www.caac.gov.cn/XWZX/MHYW/202007/t20200710_203552.html。

② 《驻菲律宾使馆紧急协助滞菲中国公民回国工作纪实》，https://mp.weixin.qq.com/s/ihZQipfwly0qSlswAkwVQ。

③ 《驻埃塞俄比亚使馆协助滞留埃塞的中国留学生安全回国》，http://et.china-embassy.org/chn/lsxx/lsbhyxz/t1765135.htm。

外需要注意的是，2月2日从菲律宾安全撤离的海外中国公民，并非全部通过中国政府从国内派飞机撤离，其中136名中国公民是由菲律宾方面派机送回中国的。因此可以发现，包机撤离作为一种领事保护的手段，在具体实践中具有灵活性，可以合理地利用所在国资源。

（三）医疗援助工作

医疗援助工作是指新冠疫情期间，通过发放医疗防疫物资、确诊就医援助、开通网络问诊及心理咨询等方式，为海外中国公民的健康和安全提供保障。阿联酋的中国公民刘女士感染新冠病毒痊愈后，中国驻迪拜总领事在刘女士出院当天便前往医院进行慰问。[1] 这一细节体现出中国领事保护工作的细致入微。除了对治愈出院的中国公民进行现场慰问外，针对有就医困难的公民，驻外使领馆也第一时间为其提供帮助，协助其尽快就医。3月18日，正在南纬23度附近海域航行的"万蓬103号"货轮上的一名中国船员腹痛难忍，船长立即向驻伊基克总领馆领事求助，接到求助电话后总领事第一时间与船只所在海域的卫生局长取得联系，经过一个多小时的协调，最终帮助中国船员顺利就医。[2]

为了更好地保障海外中国公民的生命安全，解决海外中国公民在新冠疫情期间就医的困难，驻外使领馆借用互联网平台，整理发布了一些权威的互联网医疗咨询平台，如中国驻纽约总领馆通过官网及微信公众号向海外中国公民提供互联网中文医疗咨询平台资源，供海外中国公民参考。新冠疫情的全球性蔓延导致各国的医疗防疫物资十分紧张，尤其是口罩等医疗预防物资紧缺。针对海外中国公民面临的这一现实困境，外交部向中国留学人员比较集中的国家调配50万份"健

---

　　① 《4名在阿联酋的中国籍新冠肺炎患者康复出院》，http://www.chinanews.com/hr/2020/02-18/9095888.shtml。

　　② 《驻伊基克总领馆在智利抗疫期间成功协助中国船员上岸就医》，http://cs.mfa.gov.cn/zggmzhw/lsbh/lbxw/t1767312.shtml。

康包"，包括 1100 多万个口罩、50 万份消毒用品以及防疫指南等物资。①

除政府以外，企业及侨团也为保护海外中国公民的合法权益贡献了自己的力量，如上海义达国际物流公司制定了公益活动方案，成立300 万人民币专项基金，免费为 3 万海外留学生每人提供 20 个口罩，并邮寄到每个留学生手中。② 中国东方航空公司恢复上海—墨尔本航线的航班，帮助留学生返校。西澳洲侨团联合起来，通过打电话、发短信、建立互助微信群等方式为当地近 3000 名中国留学生提供帮助。微医互联网医院全球抗疫平台、"健康全球"北京中医药大学全球抗疫平台、阿里健康互联网医生免费咨询平台等医疗网络平台为全球华人提供医疗咨询服务。政府、企业、侨团等主体共同努力，为海外中国公民的合法权益保驾护航。

二、新冠疫情期间的中国领事保护机制：以留学生工作为例

改革开放后，伴随着出国留学渠道的日益畅通，留学生群体已然成为海外中国公民的一个重要组成部分。新冠疫情暴发后，尚在海外的留学生约有 140 万人，③ 其中美国约 41 万人。④

各国采取的出入境管制措施及学校采取的线下停课行为，导致中国留学生群体在海外面临出入境受阻、族群歧视及医疗安全等困境。具体包括以下方面：其一，受防疫物资短缺的影响，面临生命安全威胁；其二，在国际社会特别是美国对华不利舆论的影响下，更容易遭受歧视与不公平对待；其三，由于不少国家受疫情影响停止办理出入

---

① 《国新办就疫情期间中国海外留学人员安全问题举行发布会》，http://www.china.com.cn/zhibo/content_75887039.htm。
② 《上海公司向海外留学生捐赠口罩直接邮寄到学生手中》，http://www.chinaqw.com/hqhr/2020/03-26/251223.shtml。
③ 《中国海外留学人员约 160 万人，目前 35 人确诊新冠肺炎》，https://www.chinanews.com/gn/2020/03-31/9143371.shtml。
④ 《海外疫情蔓延多少留学生确诊？官方释疑》，http://www.chinaqw.com/hqhr/2020/04-02/252122.shtml。

境服务，受困于签证事宜；其四，由于美国采取极端的防控政策，面临就读压力；其五，承受包括害怕病毒、希望回国、担心学业等在内的心理压力等。因此，及时有效地对海外留学生开展领事保护工作迫在眉睫。凤凰网教育发起的中国留美学生现状调查问卷也部分验证了上述影响。截至 2020 年 8 月 16 日晚上 7 时 30 分，从 7803 位受访家长或学生反馈看，最担心的问题主要是不可预测的政策（26.08%，5264 票）、疫情带来的安全问题（20.94%，4226 票）、担心签证拒签或者入境后被驱逐（14.21%，2868 票）、留学的效果打折扣（11.00%，2220 票）、毕业后就业的不确定性（10.36%，2091 票）、是否可以如期毕业（9.87%，1993 票）和留学花销增加（7.55%，1524 票）等。其中，64.02% 的学生在 2020 年秋季学期开学后不能返校；疫情对学生的留学计划有非常明显影响的比例达到 59.89%，有影响的比例达到 28.45%，合计高达 88.34%。[①]

针对留学生群体面临的困境，中国积极开展了领事保护工作。

（一）中央及部委层面

新冠疫情在全球范围内的迅速蔓延，导致中国留学生在海外面临诸多困境，为了切实保护海外中国留学生群体的合法权益，有关部委在中央的统一领导下，各司其职、相互配合、多措并举为留学生的合法权益保驾护航。2020 年 4 月 2 日，国务院新闻办公室就疫情期间海外中国留学生安全问题举行了新闻发布会；外交部为了切实保护留学生的合法权益，推出了"组合拳"措施，如多平台宣传防疫知识、推介远程医疗服务平台、汇总转发各国疫情防控规定、动员各地侨界与留学生建立结对帮扶机制；教育部统筹国内国际两条战线，通过六个具体措施保障留学生在学业、就业、就医等方面的权益；民用航空局通过协调航班把滞留在海外的留学生接回国内。另外，针对部分国家

---

① 《2020 年疫情影响下中国留美学生现状调查》，https://vote.ifeng.com/survey/6699883057538670592。

出现的针对留学生的歧视行为，外交部在第一时间提出严正交涉，并保持关注。针对澳大利亚出现的对中国留学生的歧视性事件，教育部发布了 2020 年第 1 号留学预警。[①]

（二）驻外使领馆层面

新冠疫情作为非传统安全领域的公共卫生安全事件，其产生的影响虽然程度不同，但关乎每一位海外中国公民权益。这一特点要求领事保护工作必须足够精细化，精准掌握各类人群的具体情况与信息，因此作为领事工作具体执行者的驻外使领馆，需要及时收集、汇总、更新驻在国的国内国外防疫管控措施、驻在国中国公民的信息与需求。新冠疫情期间，部分国家采取了封校、停课的措施，导致留学生群体面临住宿、回国、防疫等方面的困境。针对这些问题，首先，驻外使领馆及时在官方网站发布驻在国的防疫管制措施，并开通 24 小时热线电话。其次，针对留学生群体面临的回国困境，驻外使领馆第一时间在官网发布了就搭乘临时包机意愿进行摸底调查的通知，并协助留学生搭乘包机回国。再次，针对留学生群体面临的医疗防疫资源短缺的情况，驻外使领馆向留学生群体发放包含口罩、防疫手册、中成药、消毒湿巾的"健康包"。最后，驻外使领馆保持同驻在国教育主管部门和学校的密切沟通，要求校方合理安排中国留学生的学业和生活。

（三）华侨华人与侨团层面

国内多元主体和海外华侨华人的参与是中国领事保护"中国方案"的体现。[②] 新冠疫情期间，华侨华人及侨团一直战斗在防疫志愿者工作的第一线。在疫情防控第一阶段，积极采购口罩、防护服等医疗物资

---

① 《教育部发布 2020 年第 1 号留学预警》，http://www.moe.gov.cn/jyb_xwfb/gzdt_gzdt/s5987/202006/t20200609_464131.htm。

② 陈奕平、许彤辉：《海外公民利益维护的"中国方案"初探》，载《中国与国际关系学刊》，2019 年第 2 期，第 19 页。

支援国内；在疫情防控第二阶段，以发短信、打电话、建微信群等方式组成互助群体，为中国留学生提供帮助。例如，旅美长乐乡亲成立守望相助抗疫守护中心，纽约华社成立防疫义工互助自卫中心，佛罗里达州华人华侨联合会副会长莫炼把中国小留学生接到自己家中等，这些事例均彰显出华侨华人与侨团在助力领事保护工作方面发挥的独特作用。

不同于海外中国公民的其他群体，留学生群体受年龄、经济能力的限制处于相对弱势的地位，其安全与健康时刻牵动着国人的心。因此新冠疫情期间，留学生群体成为需要特别关注的群体之一。综上，在知悉中国留学生面临的实际困难后，外交部、教育部、民用航空局三个部门相互配合，开展了一系列领事保护工作。总体而言，中央及部委层面、驻外使领馆层面、华侨华人与侨团层面共同为中国留学生的合法权益保驾护航，充分体现了中国领事保护工作多元主体参与的特点。

本章小结

海外中国公民权益维护最重要的路径和机制是领事保护，在海外中国公民权益维护机制中占据十分重要的地位。通过对典型案例的阐述、对海外中国公民权益维护具体情况的简要回顾，可以发现，当海外中国公民权益受到损害时，从政府到企业多个主体、各个层面采取了不同的应对措施，对海外中国公民展开领事保护，体现了海外中国公民权益维护"中国方案"的优势。新冠疫情期间，中国政府有关部门开展了包机撤离、提供医疗援助、发布"安全提醒"、开通热线服务等一系列领事保护工作。除政府外，企业及侨团也为保护海外中国公民权益贡献了独特力量，充分体现了中国领事保护工作多元主体参与的特征。

第三章　海外中国公民权益维护的应急机制

在海外中国公民权益维护机制建设中，重要的一环是应急机制的建立和完善。当前，百年大变局加速演进，风险挑战明显增多，海外中国公民权益维护面临更加复杂的形势，需要建立系统、快速、合理和有效的应急机制。

第一节　海外中国公民权益维护应急机制的现状

海外中国公民权益维护的应急机制主要包括：风险防范机制、风险减缓机制、监测和预警机制、应急准备机制、应急响应机制和应急保障机制等。

一、海外中国公民权益维护应急机制的法律界定

（一）海外中国公民权益的界定

《中华人民共和国宪法》规定，中国公民的权利主要有：平等权，包括选举权与被选举权以及言论、出版、集会、结社、游行、示威等政治自由在内的政治权利，宗教自由权，人身自由权，监督权和获得国家赔偿权，包括劳动权与受教育权、休息权、物质帮助权等在内的

社会经济与文化权利等。①

从国际私法的角度看，海外中国公民权益主要是指海外中国公民在所在国的民事和商事权利。这些权利主要取决于所在国的相关民事和商事法律制度及其签订的国际条约中所承诺给予外国公民在本国的民商权利。参照《中华人民共和国民法典》的规定，中国公民在海外的民商权利主要包括：生命权、身体权、健康权、姓名权、肖像权、名誉权、荣誉权、隐私权、婚姻自主权等人身权利，以及物权（包括所有权、用益物权和担保物权等）、债权（包括合同之债、侵权之债、无因管理之债、不当得利之债等）等财产权利。人身权利和财产权利是海外中国公民权益维护的主要范围，其中生命健康权和知识产权在海外中国公民权益中的分量持续提升。

海外中国公民群体的数量庞大、分布广泛、利益诉求多元。随着美国对华战略压制的加剧，对中国海外科技、产业、财经、文化、教育、卫生等领域精英人才的战略性争夺与反争夺、保护与反保护正成为海外中国公民权益维护工作中的新焦点。

（二）海外中国公民权益维护的方式

从法律的视角看，海外中国公民权益维护是指海外中国公民的权利救济。当海外中国公民的实体权利遭受侵害时，由国内外有关机关、团体或个人在法律允许的范围内采取一定的补救措施消除侵害或侵害威胁，使海外中国公民获得部分、全部甚至超额的补偿或者赔偿，以保护并恢复其既有或期待的合法权益，保护相关善意第三人的合法权益，并对潜在的加害人施以可置信的惩罚性威慑。

从海外公民权益维护的救济渠道看，有以下两种方式：一是自力救济，即公民本身的自我保护，如正当防卫、紧急避险和自助行为。二是互助救济，即基于社区身份、社会身份的公民之间的互惠互助或

---

① 《中华人民共和国宪法》，http://www.xinhuanet.com/politics/2018lh/2018-03/22/c_1122572202.htm。

公益救济，如社区、社团、职业社团、校友会、同乡会、宗教团体等。三是商业救济，即基于平等、自愿、有偿原则，由其他社会主体（如律师、会计师、安保公司、工程公司、运输公司、保险公司等）提供的商业性专业救济服务。四是公力救济，包括公助救济和公权救济，前者主要是指调解和仲裁，后者主要是指民商事诉讼和政府救助。民商事诉讼是指，当权利人的权利受到侵害或者有被侵害之虞时，权利人行使诉讼权，诉请法院依民事诉讼和强制执行程序保护自己权利的措施。政府提供的权利救济，既包括本国政府的权利救济，也包括公民所寓居的海外国家政府以及相关国家政府提供的权利救济。公力救济通常只针对已穷尽了自力救济、互助救济和商业救济仍无法有效保护公民权益的情况提供的例外救济。公力救济，从政府的层次看，可以分为地方政府救济、中央政府救济和外国政府救济。

2022年俄乌冲突爆发后，俄罗斯富豪的大量海外资产被欧美国家以各种名义冻结，这些国家完全无视自己历来所宣扬的对财产所有权的保护，破除了国际社会长期以来对欧美国家保护财产权利的迷思。随着俄乌冲突的延宕，俄罗斯由于境内缺乏加害国等额数量的公私资产存量等原因，无法直接采取对等的反制措施，转而采取了类似诉讼保全的方式救济和对抗欧美国家对俄罗斯公民海外合法财产权益的侵犯。此外，俄罗斯通过采取减少或切断欧洲石油、天然气和粮食供应，支持其他国家使用本国货币卢布进行国际结算等非对称手段予以回击，从而加剧了欧美国家因新冠疫情引发的通胀危机。

从海外中国公民权益的救济方式看，主要包括：法律救济和人道主义救援。法律救济主要包括：司法救济、仲裁救济和司法行政救济。基于权利实施的地域性、利益维护成本及其有效性，海外中国公民权益维护需要更多地依靠所在国当地的法律救济。当所在国的法律救济失灵时，中国政府有义务协助海外中国公民开展权利救济。从理论上讲，在所在国政府尚未穷尽法律救济的情况下，中国政府通常不宜主动采取救济行动和启动应急机制。人道主义救援是基于人道主义（例如出现人道危机时）而对受助者提供物资或物流等方面的支援，主要目的是保护受助者生命健康安全、减少损失以及维护个人尊严。

（三）海外中国公民权益维护的原则

从法律救济的角度看，公民权益维护的原则主要有：一是有侵害必有救济原则。二是及时救济原则。三是充分救济原则。四是正义与经济协调原则。五是公力救济优先原则。公力救济先于自力救济的前提是有效政府管制的存在和处于非紧急状态下。由于政府救济的时效性和有效性滞后，在紧急状态下，正当防卫、紧急避险等自力救济往往更具经济合理性和现实可行性。六是司法最终救济原则。

从国际私法的角度看，基于权益维护的可及性、维护成本和国家间互助互惠原则，海外公民权益维护应首先基于公民所在国的法律保护，只有当所在国的权益维护不足或法律救济失灵时，才需要本国的权利救济。从司法实践看，由于各国法律对于公民人身权利、财产权利、税收水平等方面的规定迥异，不同国家对同一事实或行为法定后果的判定也千差万别，事实上会形成"法律寻租空间"，不利于海外公民权益的有效维护。比如，在所罗门群岛等国际避税天堂注册企业的中国公民实施"合理避税"，避开了依照中国税法本应在境内缴纳的企业所得税。

（四）海外中国公民权益维护应急机制的界定

海外公民权益维护缘于海外公民在境外遭遇到的各类突发事件，按照中国对突发事件的分类标准，影响海外中国公民权益维护的突发事件主要包括自然灾害、事故灾害、公共卫生和公共安全等四大类。其中，自然灾害主要包括：洪水、台风、干旱、冰冻雨雪等气象灾害，破坏性地震、滑坡、泥石流、岩石崩塌等地质灾害，海洋灾害，森林火灾，动植物疫情等。事故灾害主要包括：道路、铁路、水上、航空等各类交通运输事故，安全生产事故，生态环境事故等。公共卫生事件主要包括：各类传染病和群体性不明原因疾病事件、食品卫生安全事件、药品安全事件、急性中毒事件和重大职业中毒事件等严重危害公众健康的事件。公共安全事件主要包括：恐怖袭击事件、群体性事件、网络与信息安全事件、涉外事件、舆情事件、民族宗教事件等。

二、海外中国公民权益维护的风险防范机制

为有效防止海外中国公民权益受到损害的事件发生或者降低损害的程度，需要重视全过程管理，建立和完善风险防范机制。

风险防范机制主要包括风险识别与评估机制、风险策略机制等。

（一）风险识别与评估机制的现状与问题

目前，海外中国公民权益的风险识别与评估机制研究，主要来自以下几类。

第一，政府等官方机构的研究。官方机构主要有国家安全委员会成员单位和境外中国公民和机构安全保护工作部际联席会议成员单位等。中央政府、地方政府、驻外使领馆和大型国有企业集团官方机构及其下属专业机构（包括官方智库）定期和不定期发布风险评估报告。由于信息来源、研究团队和资助水平的优势，官方机构在海外公民权益维护的风险识别与评估方面具有天然优势。

第二，政府等官方机构行政审批中的风险识别与评估。主要包括商务部、国家发展改革委、国资委对企业境外投资的审批活动。根据2018年3月1日起施行的《企业境外投资监督管理办法》第2条，该办法所称的"境外投资"，是指中央企业在境外从事的固定投资与股权投资。

第三，会计、法律、保险等专业机构出具的尽职调查报告或专业风险评估报告。主要包括税务尽职调查、法律尽职调查、财务尽职调查和风险评估意见等。

第四，企业内部的合规风险识别与评估。2011年国资委出台的

《中央企业境外国有资产监督管理暂行办法》明确要求中央企业境外出资应当进行可行性研究和尽职调查，评估企业财务承受能力和经营管理能力，防范经营、管理、资金、法律等风险。2018年11月，国资委发布《中央企业合规管理指引（试行）》，对合规管理体系中涉及的12种主要构成要素作出全面和具体的规定，是推动中央企业合规管理的重要步骤，并对其他中国企业的合规管理具有重要的借鉴意义。该文件规定，中央企业应设立合规委员会，与企业法治建设领导小组或者风险控制委员会等合署；定期排查梳理海外投资经营业务的风险状况。

　目前，学术界和实务界对海外中国公民权益维护面临的风险及其风险水平的研究方向主要围绕以下问题展开：一是关于海外中国公民权益维护的风险识别。梅建明在战略层面上从国际环境、国内环境、行动目标、行为准则、博弈规则的视角进行分析。① 二是国别化的恐怖主义及国家安全环境风险识别与评估。有学者根据美国马里兰大学全球反恐数据库，系统地对共建"一带一路"国家安全环境进行评估；② 外交部发布的《中国海外安全风险评估报告》《中国领事保护和协助指南》、商务部发布的《中国企业海外安全风险防范指南》等官方研究报告或指引文件，从风险评估、应急处置等方面对海外企业的安全风险防范进行指导与警示。③ 三是针对公民投资等财产安全风险的识别与风险水平研究，如公民信用风险评估、内部风险识别与评估、金融风险评估与信息分析、社会风险识别与评估、法律风险识别与评估、跨境投资与资产产权并购风险识别与评估等等。④

---

① 梅建明：《论新时期中国海外利益保护面临的挑战与对策》，载《中国人民公安大学学报》（社会科学版），2019年第5期，第1—7页。
② "一带一路"课题组编著：《建设"一带一路"的战略机遇与安全环境评估》，北京：中央文献出版社，2016年版，第20—30页。
③ 陈积敏：《论中国海外投资利益保护的现状与对策》，载《国际论坛》，2014年第5期，第35—42页。
④ 《企业走出去的扫雷者：风险评估——2016年中国企业海外风险管理报告》，https://pit.ifeng.com/event/special/haiwaianquanguanlibaogao/chapter4.shtml。

值得注意的是，近年来，商业机构也进入海外中国公民权益的风险评估与应急服务中来，市场上较畅销的旅游意外险产品中有不少为国际旅行意外保险，主要提供：医疗保障，包括受伤和急性病治疗支出的医药费等。比如：旅行期间遭遇意外或突发疾病产生合理且必要的医疗费用，可以提供相关费用的补偿。意外伤害保障，包括人身伤亡、急性病死亡等。紧急救援服务，包括医疗运送、死亡处理或遗体遣返等，以保障中国公民在境外遭遇意外或突发疾病时，能够第一时间得到援助。除此之外，公众还可以根据自己的需求，选择是否要包含丢失、损坏、被盗物品及取消机票、酒店等相关保障。显然，商业性风险评估及保障已成为海外中国公民权益维护的重要来源之一。

总体上看，海外中国公民权益的风险识别与风险评估研究仍处于起步阶段，在风险识别方法、风险识别工具、风险水平测量与研究方法、实地考察、国别研究、外来风险与孕灾环境分析等方面仍存在研究空白，国际合作研究水平有待提高。一是从研究领域看，尽管海外中国公民的人身安全问题已经受到重视，但对于海外中国公民的经济权益、文化权益、政治权益、科技权益、卫生权益维护的研究还较为薄弱。既有的国别研究大多集中在英语国家，对于共建"一带一路"国家的国别风险研究基础薄弱。二是学理型研究多。实证调研和国内外联合研究及实地考察少，研究成果的深度与实用性不强。三是研究方法落后。相对于安全工程和公共卫生等理工学科，受制于知识背景、研究方法、研究工具和数据库建设水平，既有的海外中国公民权益维护风险识别与风险评估人员主要集中于国际关系领域的学者，高水平跨学科研究不足，尤其缺少来自法学、经济学、公共管理、应急管理、公共安全等多学科的综合性和高水平交叉研究。

（二）风险策略机制的现状与问题

目前，对海外中国公民权益维护机制的风险策略机制研究主要集中在以下领域：一是关于风险管理的法制策略研究。此类研究大多提出加快领事保护、海外公民安全保护、投资保护、民事权利保护等领域国内立法，部分研究还对美国等发达国家的公民人身安全保护、投资等经济权益保护等相关法律开展了较为深入的研究。但是总的来看，相关研究的法理学、法制史、制度史基础较为薄弱。二是从制度史、国际关系史、军事史等角度研究海外中国公民权益维护政策演进过程及国际经验借鉴。[①] 中国要推进共建"一带一路"、维护海外中国公民的合法权益，可以借鉴包括欧美国家在内的不同国家的经验与教训。要秉持理性的国际地缘政治战略，清醒地认识到国家安全利益的底线和极限，既要守住中国的战略底线和国家能力的边界，又要避免过度冒进、超越国力的极限，要依托国家能力边界推进适度适力的国际合作，等等。[②] 三是关于基于国际关系和外交学的领事保护研究，这方面的研究文献相对丰富。四是关于海外中国公民的投资权益保障策略研究。相关研究主要是借鉴美国等发达国家的经验，但由于中美之间在国力和国家性质等方面迥异，许多策略建议因为不适合中国的国情而难以落实。五是基于治理和善治理论的多主体合作伙伴研究。这类研究强调对海外中国公民权益维护应充分动员和利用中资企业、海外华侨华人、当地专业中介机构（如律师行、会计师行）、合作企业、非政府组织、媒体等，形成可靠的合作伙伴关系与一致行动网络，但在如何分担合作伙伴网络之间的权利与职责、如何推进合作的成本-收益分析、合作效率分析等方面的研究尚不深入。

当前，处于起步阶段的海外中国公民权益的风险策略研究存在很大空间：一是对于相关风险策略缺乏清晰、整体的研究。缺乏对于在何种情况下，应该实施怎样的风险转移、风险规避、风险保留、风险减缓策略的整体研究。二是缺乏针对精英人才的风险策略研究，对于

---

①　钟龙彪：《当代中国保护境外公民政策演进述论》，载《当代中国史研究》，2013年第1期，第45—54页。

②　张文木：《全球视野中的中国国家安全战略》（下卷），济南：山东人民出版社，2010年版。

如何防范、规避和处置科技、财经、产业等领域精英人才安全事件尚缺乏完整有效的风险管控策略。

三、海外中国公民权益维护的风险减缓机制

风险减缓是应急管理四个阶段之一，所谓的"减缓"是指减少影响人类生命、财产安全的自然或人为致灾因子，降低致灾因子的发生概率及其风险水平，降低承灾体的脆弱性，提高承灾体系统的业务连续性管理水平，其目的主要是减少突发事件发生的可能性或降低突发事件的预期损失。

海外中国公民权益维护的风险减缓机制主要包括：一是参与和制定法规、规则、准则及标准等。比如，推动参与制定海外中国公民生命财产安全保护相关的国内法规、国际规则、海外中国公民行为准则、海外中国公民权益维护标准等。二是参与当地的防灾减灾实践。比如，参与当地的防灾减灾活动，提供人力、物力、财力和智力支持。三是深度融入所在国当地社会。比如，聘用当地员工，提供社区服务及社区发展支持，深化与当地上层社会的交往，加强与当地企业的业务合作、经营合作与资本合作，与当地社会一起开展防灾减灾合作等，从而增进和推动海外中国公民与当地社会的交往与融合，增进沟通，减少误会。四是增加防范性投入，提高对海外风险的防范能力。比如，购买海外安全咨询和安保服务等。五是提供互助型支持。比如，海外侨团互助、第三国保护和国际互助、社区及属地互助。六是完善海外中国公民行为的风险内控机制。七是提升中国的国际传播与海外战略沟通能力。比如，推动中国广播电视节目的海外落地，推动电子社交工具、电商平台的海外推广及影视动漫产品的海外传播，开展多层次的跨国外交对话与战略沟通，组织海外中国公民权益维护的宣传教育，等等。八是推动海外中国公民权益维护网络与保护能力的建设与提升。九是积极开展海外中国公民人道主义救援等。

当前，海外中国公民权益维护的风险减缓策略存在以下问题：一

是中国公民海外风险教育、风险提示、风险管控能力不足。魏冉的研究表明：在东南亚国家遇险的中国公民中有59%是游客，导致死亡最多的事件是水上和道路交通安全事件。在这些事件的成因中，有55%是中国游客没有注意到当地的红色预警和风险提示等自身原因；其次是不遵守当地法规。[①]二是参与国际规则制定的能力较弱。由于历史和文化等原因，中国参与国际规则制定的态度、能力、人才、知识、经验等方面与西方国家有一定差距。三是中国学术界对于国外风险跟踪研究的广度、深度和持续性不足。一方面，国际关系学界缺少足够多的优秀外事人才从事学术研究，主流学术界对于国际事务实际运作的了解不足。另一方面，国际关系、世界经济、国际贸易、国际社会学、世界史等相关学科在研究力量及研究方向的整体布局上缺乏顶层设计与战略统筹，尽管研究队伍的体量不小，但研究方向仅限于少量的热点国家、热点地区、热点产业，缺乏深入细致的基于国别、行业、重点产业的高水平学术研究成果，无法满足指导海外中国公民全方位权益维护实践的迫切需求。

四、海外中国公民权益维护的监测和预警机制

有效的监测和预警是启动应急响应的重要基础。目前，海外中国公民权益维护的监测预警机制建设有待完善。

（一）监测机制的现状与问题

1. 全面感知、泛在互联、全向智慧的海外中国公民权益维护监测网络有待加强

随着中国持续推进高水平开放，海外中国公民权益的类型更加多样、权益分布遍及全球，这些都对海外中国公民权益维护的监测网络

---

① 魏冉：《"一带一路"背景下中国公民在东盟十国的安全风险和保护研究》，载《东南亚研究》，2019年第6期，第106—130页。

提出更高要求。从现状看，海外中国公民权益维护监测网络尚待完善。其一，从监测网络布局来看，现有的监测网络主要依靠当地使领馆、侨社、中资机构、新闻媒体。在地域上主要集中在华侨华人密集的沿海城市和同中国友好的城市，而对于广大内陆地区，包括中资和中国权益密集地区覆盖不足。其二，从监测风险类型、监测数据来看，现有的监测网络主要集中在公民人身安全领域，而在经济、科技、文化、教育、政治、法律、医疗卫生等方面的监测则较薄弱。其三，当前中国政府或授权企业很难从业务数据中提取和形成各类风险应用场景信息，并逐步形成海外中国公民权益维护大数据。

2. 海外中国公民权益受损突发事件的发现、报警和求助机制建设有待完善

一是缺乏统一的求援受理平台，且平台受理及指挥调度能力有限。目前，中国政府对海外公民求援受理采取了分部门受理机制，比如：海事求援依托海事平台、商事活动求援依托商务部平台、安全求援依托外交部平台等等，没有形成综合性受理平台和受理机制。再加上接警与受理人员数量有限，难以满足重特大突发事件时海量求援受理及指挥调度所需。二是求援受理渠道狭窄。目前，除了外交部（以及驻外使领馆）、商务部和交通运输部之外，公众难以找到合适的求援渠道和受理平台。三是海外公民求援受理平台尚缺乏足够的资源调度能力和相关数据库及资源库支持，跨部门协调能力不足。

3. 主动发现和信息交换共享机制建设有待完善

一是既有的海外中国公民权益救济监测机制基本上是一种被动的应激响应机制，主要依赖对海外公民求援的应急响应，缺乏基于实时、全域、全向、主动的监测机制。二是跨部门信息交换共享机制不足。比如：公安部、外交部、中央统战部、教育部、商务部、交通运输部之间的海外公民信息尚未实现全面共享。三是跨国信息交换与数据共享能力不足，缺乏海外公民相关信息的交换机制。

4. 相关信息搜集与分析能力有待提升

目前，海外中国公民权益维护信息体系存在的最突出问题是：信息搜集分析的顶层设计缺乏，没有形成系统科学的信息分类、数据抓取、大数据存储调用、专用数据处理、数据分析队伍建设、大数据多层次开发利用等整体设计方案和相关技术标准及管理规范。

（二）预警机制的现状与问题

1. 预警机制初步建立，但覆盖不全、基础不牢、事项宏观

目前，中国政府已经建立起由国务院有关部委组成的境外公民和机构安全保护工作部际联席会议，并实施了定期的信息交流分享与定期预警分析机制。由于这一机制的行政层次很高，更适合战略信息和趋势性宏观研究，但作为战术层次的基于国家、区域和行业的信息预警分析机制仍然缺乏。

外交部于2011年11月22日正式开通了中国领事服务网，网站中的"安全提醒""通知公告"两个栏目中有大量关于对中国公民在海外可能遇到的风险预警提示。这些预警提示大体可以分为以下几种情况：一是转载所在国政府已公布的预警公告。比如：2020年11月5日，中国驻英国使馆发布公告，提示中国公民应关注英国政府提高恐怖袭击风险等级的公告。二是使馆根据当地的安全形势或突发公共卫生事件自主发布的风险预警。外交部发布的海外安全预警分为"注意安全""谨慎前往""暂勿前往"三个等级。从示警的原因看，主要是地方公共安全和紧急疫情。

商务部在其官网设立了"预警提示"专栏，这一专栏列出的信息范围比外交部要宽泛，包括"境外风险""对华贸易救济调查""涉华贸易壁垒"三类。其中"境外风险"提示包括：旅行风险、入境限制、贸易诈骗、防疫禁令、航班乘客旅行限制、出口货款回收风险、签证政策、移民法规、安全生产提示等，并按区域进行分类。"对华贸易救济调查"的信息包括：反倾销调查、反倾销复审、反倾销复审调

查、反倾销日落复审、反倾销初裁、反倾销终裁、征收临时保障措施税、知识产权调查（337 调查）等。"涉华贸易壁垒"信息来自《国别贸易投资环境信息半月刊》，主要包括"特别提示""综合信息""多双边动态""重点行业分类信息"。其中，"综合信息"中包括了美国 337 调查及其他知识产权问题、国别投资、贸易监管/通关/关税等方面。

国务院侨务办公室官网信息量丰富、更新速度快，其中"政策法规"一栏提供了大量有关海外中国公民权益的各类预警信息。

国资委管理的中央企业是中国企业"走出去"的主要力量。截止到 2018 年年底，中央企业境外单位共 11 028 户，分布在 185 个国家和地区，境外资产总额 7.6 万亿元，全年营业收入 5.4 万亿元，利润1318.9 亿元。[①]

中国人民银行在其国际司网站设置了"投资机会与风险"和"风险提示与金融制裁"两个预警类栏目。

文化和旅游部官网没有专门的预警提示，仅在"焦点新闻"中有关于非必要不安排出境旅游的提示公告。

公安部在其官网设有"警方提示"，但这些提示信息只限于国内信息，而非境外中国公民权益预警信息。

教育部、海关总署、应急管理部、工业和信息化部等部委均没有海外中国公民的有关预警信息。

从相关部委的官网信息看，中国政府对于海外中国公民权益的预警信息较为分散，且种类不全、总量不足、更新较慢。

国内学术界、海外侨社、境外研究机构由于研究经费、定位和信息渠道的限制，同样缺少相关高水平的预警研究，反映出在相关研究领域投入不足、积累较少、服务机构欠缺。

2. 缺乏对海量、异构、分散信息的大数据分析能力

海外中国公民权益受损及保护信息分布分散、碎片化特征明显，

---

① 《前三季度央企国企"走出去"的情况呈现什么样的特点?》，http://www.sasac.gov.cn/n2588040/n2590387/n9854177/c12397413/content.html。

且数量巨大、数据结构各异、数据类型及特征差异大，给数据归纳整理与深度分析带来困难，也对海外侨情侨务预警分析构成挑战。

五、海外中国公民权益维护的应急准备机制

应急预案是应急准备的核心与基础。目前，尽管外交部、商务部等部门已经制定了一系列维护海外中国公民权益的应急预案，对提高处置此类突发事件的应急响应水平起到重要作用，但在实践上尚存在一些突出问题：一是预案体系不够完整、权益维护范围覆盖不够全面。既有预案体系对海外中国公民的人身安全事项较为重视，但对商务、投资、教育、文化等权益维护和精英人才保护的预案较少。二是政府相关部门缺乏必要的预案模板设计，无法给相关单位和海外侨社提供可资借鉴的预案模板和技术性支撑平台。三是预案体系衔接度不够高，特别是缺少海外城市、海外社区、海外高校等基层和区域水平的应急预案。四是预案的针对性、可操作性和完整性不够强。相关应急预案大多缺少深入细致的情境构建，对可能遇到的极端事件的情境预设不清晰、不深入、不具备极端代表性，导致预案编制的针对性不强。从体例上看，预案往往缺少应急保障和应急资源等各类支持性附件，致使预案的操作性不强。

六、海外中国公民权益维护的应急响应机制

应急响应主要包括：态势感知、决策与指挥协调、应急资源动员与部署、舆情引导与应对等。

（一）事件态势感知能力

近年来，随着中国综合国力的增强，对海外中国公民权益维护的态势感知能力也相应提高。特别是对公民人身安全事件感知能力已经走在世界前列，但仍有短板：一是对于精英人才安全的态势感知能力相对不足。二是对海外公民的经济维权、文化维权等非人身安全事件

的态势感知能力相对不足。三是对非华人聚居区、非英语国家的态势感知能力相对不足。四是信息的搜集整合能力不足。信息需求不明确与信息供给不足并存，对海量异构信息的整合能力不强，碎片化信息难以得到有效整合，缺乏信息共享的网络和平台。

（二）事件决策与指挥协调能力

海外公民维权事件不仅是法律问题、国家实力和国家意志问题，更是外交策略甚至是外交战略问题，其决策与指挥工作具有很强的政策性、哲学性和艺术性。近年来，随着中国综合国力的不断增强，中国在海外公民维权的应急决策方面愈加开放、果敢，协调决策和应急联动能力相应提升。但还存在以下短板：一是海外维权行动的应急指挥复杂、处置及协调难度很大、处置经验积累不足。二是缺乏完整的处置预案。尚未制定包括预警、疏散、搜索救援、调查、控制危险源、保护人员安全等在内的全面系统的应急预案及其操作手册。

（三）应急资源动员与部署能力

近年来，在党中央的坚强领导下，中国海外救援的应急资源动员与部署能力不断提高，赢得国际社会和海外华侨华人的好评。

目前，海外中国公民应急救援队伍主要包括以下几方面：一是军队的专业应急救援及保障部队。据《2010 年中国的国防》白皮书披露，中国军方已按计划有步骤地组建抗洪抢险应急部队、地震灾害紧急救援队、核生化应急救援队、空中紧急运输服务队、交通紧急抢险队、海上应急搜救队、应急机动通信保障队、医疗防疫救援队等 8 支队伍共 5 万人规模的国家级应急力量。① 按照新军改方案，中央军委联勤保障部队和各军种保障部队已承担起军队海外应急联勤保障任务。此外，中国军方还组建了 8000 人的联合国维和待命部队。截至 2020

---

① 《国防白皮书：中国已组建 8 支国家级应急救援队伍》，http://news. ifeng. com/c/7fZVvr70Adi。

年 8 月，中国军队在海外执行联合国维和任务的 8 支维和部队已达 2521 人。① 二是中国国家地震灾害紧急救援队（中国国际救援队）和中国救援队。两队均为直属于应急管理部的国家级应急救援机动力量，均已通过联合国国际重型救援队的认证和复测，已多次承担跨国人道主义实战救援，成为全球最为知名、最有效率、最富成果的国际人道主义救援队之一。三是国资委系统的海外中资机构和项目隶属的境外应急救援力量。海外中资机构在历次海外撤侨等重大海外应急救援行动中都发挥了重要作用。四是海外华侨华人组织，包括各类同乡会、同业会等侨团。五是民间救援力量，比如曾参与尼泊尔地震国际救援的中国蓝天救援队等。

海外中国公民应急救援队伍尚存在一些短板，一是海外应急资源底数不清楚。尚未建立起海外应急资源调查和应急资源登记制度，对关键资源的底数不清。二是海外应急资源的动员、采购、征用等制度不健全。三是尚未建立起分层次、分类分级的海外应急资源动员机制。四是跨国跨组织合作不足，与友好国家海外权益维护的战略协同不足。

（四）舆情引导与应对能力

舆情引导与应对能力是突发事件处置的重要内容，也是海外中国公民维权应急的突出短板。一是由于中国国际传播能力整体较弱，中国声音、中国观点、中国故事难以在国际社会有效传播。二是中国国际传播媒体新闻内容制造能力不强、节目吸引力不足，难以与一流国际媒体竞争，缺乏国际知名的一流节目主持人和名牌节目。三是中国媒体在国际传播的议题设置、议题引导方面能力较弱。四是由于中国互联网产业投资起步较晚，互联网新媒体资本中外资比例高，受国外资本的负面影响较深。五是中国官方影响和运用海外主流媒体的能力

---

① 《中国军队参加联合国维和行动 30 年》，https://baijiahao.baidu.com/s? id = 1678136752441468857&wfr = spider&for = pc。

有待提升。六是充分利用、培育和支持高水平、高创意、高国际流量的自媒体作者和中国主导的新型国际社交平台（如小红书、抖音）以应对和引领国际舆论的能力有待提升。

七、海外中国公民权益维护的应急保障机制

按照美国国家应急响应框架对应急保障的定义，应急保障涵盖应急管理的全部功能：运输，通信，公用设施与公共工程，消防，应急管理，大众关怀、紧急援助、住房安置和人道主义服务，后勤管理和资源支持，公共卫生和医疗服务，搜索与营救，油品和危险物品应急响应，农业与自然资源，能源，公共安全与保卫，社区长期恢复，对外事务。

海外中国公民权益维护的应急支持功能也主要体现在上述功能上。从现实情况看，中国在海外公民权益维护应急保障方面已经积累了一定的经验，比如：依托中资企业、机构、工程构建海外中国公民庇护的组织体系和网络关键节点，利用中国通信的产业与科技优势为撤侨等重大海外救援行动提供通信保障，利用中国强大的制造业产能优势为海外中国公民提供防护用品支持，等等。

同时，中国在海外应急救援保障的诸多领域较发达国家还有一些短板。一是海外应急救援队伍不完整，综合救援能力不强。海外公民权益维护涉及安全、经济、法律、知识产权、房地产等众多领域，但由于身处海外，救援队伍只能以少量专职人员为骨干，以兼职队伍为主体。目前，驻外使领馆和中资企业是海外中国公民权益应急救援队伍的基本力量，但他们的救援专业训练不足。在人道主义服务和搜索营救方面，符合国际标准与国际认证的国际应急救援队伍不足。在公共安全与保卫方面，国际一流的安保服务公司和在境外从事安保服务的经验与经营业绩不足、缺乏兼具安保和外语能力的员工队伍，尤其缺乏在海外携带及使用武器的当地法律授权或国际条约授权。二是应急庇护体系建设滞后。中国通过加快全球外交领事机构布局在一定程

度上提升了处置海外侨胞突发事件时的应急庇护能力，但从总体上看，仍难以充分满足海外侨胞的应急庇护所需。三是应急物资保障水平不高。

第二节　海外公民权益维护应急机制的国际经验

世界上不少国家和国际组织在应急机制建设方面有不少成熟的做法，可以成为海外中国公民权益维护机制建设的他山之石。

一、全球人权保护与人道主义应急救援机制

（一）联合国的人权保护与人道主义应急救援机制

1. 联合国应急救援体制

联合国是最重要的全球政府间多边组织，促进和保护人权是联合国的重要目标和指导原则。[1] 1948 年，《世界人权宣言》将人权列入国际法范畴。联合国人权事务高级专员办事处是联合国系统负责促进和保护人权的主要机构。

2004 年 9 月，联合国人道主义事务协调办公室设立"人的安全"小组，旨在将"人的安全"概念整合到联合国的所有行动中。

联合国其他隶属组织机构也积极支持和治理"人的安全"问题，如联合国人权理事会、联合国难民事务高级专员公署、世界卫生组织、联合国教科文组织、联合国粮农组织等。[2]

如图 3-1 所示，联合国国际减灾救灾合作机制由联合国人道主义事务协调办公室和国际减灾战略共同制定协调具体的减灾救灾行动计划，并报副秘书长兼紧急救济协调员批准，与其他联合国机构协同工作。联合国国际减灾救灾合作范围广泛，部分会涉及多个机构。其中，

---

① 《人权保护》，https://www.un.org/zh/sections/what-we-do/protect-human-rights/。
② 李玉婷：《"人的安全"语境下对中国公民海外安全保护的再思考》，载《区域与全球发展》，2018 年第 6 期，第 53 页。

备灾和恢复阶段合作由国际减灾战略主导，应灾阶段合作由人道主义
事务协调办公室主导。①

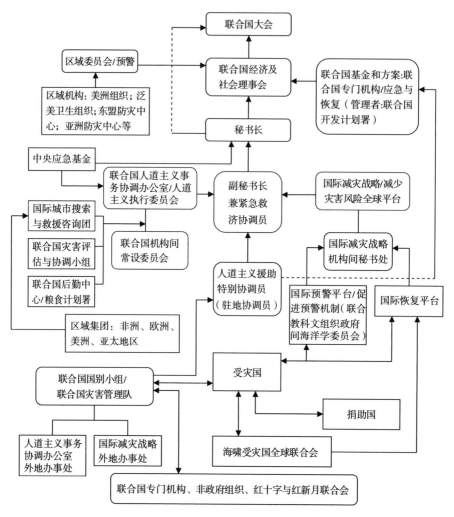

图 3-1　联合国国际减灾救灾合作机制

资料来源：联合国经济及社会理事会《争取建立一个负责救灾和减灾工作的
联合国人道主义援助方案》。

---

① 洪凯、侯丹丹：《中国参与联合国国际减灾合作问题研究》，载《东北亚论坛》，2011年
第3期，第64页。

联合国专门机构、非政府组织及红十字与红新月联合会在上述阶段均给予全方位支持。紧急救济协调员同时兼任人道主义事务协调办公室/人道主义执行委员会与国际减灾战略主席，并责成经济及社会理事会监督和协调减灾救灾合作活动。经过国际减灾战略、人道主义事务协调办公室等机构的不懈努力，联合国国际减灾救灾合作取得长足进步。

在联合国减灾大会通过的《2005—2015年兵库行动纲领：加强国家和社区的抗灾能力》（以下简称《兵库行动纲领》）确立了协调人道主义救灾援助、交流研究结果与经验教训、转让减灾知识与技术、促进减灾框架与气候框架挂钩等重点领域。

第一，协调人道主义救灾援助。人道主义事务协调办公室主导灾情评估、信息搜集和传递、呼吁国际关注、协调各方联合救援、协调各方制定长期复原计划。以印度洋海啸救援为例，联合国秘书长在收到受灾国申请后，立即任命紧急救济协调员作为人道主义援助特别协调员，派往灾区与受灾国政府进行高级别协商。人道主义事务协调办公室在第一时间派遣5个灾害评估与协调小组到受灾国评估受灾程度及所需援助。人道主义事务协调办公室还在印尼和斯里兰卡建立人道主义信息协调中心，协调16个联合国机构、18个红十字与红新月联合会救灾小组、35国军事和民防资源①以及160多个国际非政府组织、私营公司、民间社团等救灾行动。危机发生两周内，联合国开发计划署向灾区派遣了复原小组，评估灾害情况，支持受害国制定复原计划，并成立海啸受灾国全球联合会促进各国重建。

第二，转让知识与技术，加强预警与备灾能力。一是由联合国国家工作队向驻地国提供国家评估和发展援助框架，由联合国灾害管理

---

① 军事和民防资源应视为现有救灾机制的一种补充手段。只有在没有相应民用手段，并且只能用军事和民防资源才能满足一项危急的人道主义需要的时候，才能请求外国军事和民防资源。详见联合国人道主义事务协调办公室于2007年11月发布的《在救灾中使用外国军事和民防资源的准则》（又称为"奥斯陆准则"）。

队提供联合呼吁程序、共同人道主义备灾和应灾行动计划；二是国际城市搜索与救援咨询团与成员国合作，对国际城市搜救队开展评估与划分；三是世界气象组织与联合国教科文组织政府间海洋学委员会在国际减灾战略指导下组成早期国际预警平台，评估全球预警网络的运作能力并向各国提供支持指导；四是联合国机构间常设委员会紧急电信工作分组致力于促进各国采用紧急电信标准，并鼓励各国加入《为减灾救灾行动提供电信资源的坦佩雷公约》，以改善应急电信防护。

第三，沟通信息、交流经验。联合国国际减灾战略作为一个全球行动框架，通过机构间秘书处协调联合国各减灾子系统间的伙伴关系，合作监测其实施《兵库行动纲领》情况，召开减少灾害风险全球平台会议以及区域减灾会议，每年举办一次世界减灾运动等，以推动减灾最佳做法和经验教训的交流与传播。

第四，促进减灾合作与适应气候变化行动与经济发展框架的统一。国际减灾战略机构间秘书处与《联合国气候变化框架公约》秘书处和附属机构建立了工作关系，参与《京都议定书》的谈判进程，促进减灾框架与气候变化框架的统一，并呼吁成员国在国家经济计划和战略中将减少灾害风险同土地用途和住房规划、重要基础设施发展、自然资源管理、培训和教育等政策相联系。

根据联合国人道主义事务协调办公室的统计，1993—2019年，由联合国主导派联合国灾害评估与协调小组执行的国际人道主义响应任务共300次，其中自然灾害响应共266次，占比约89%。在联合国人道主义响应机制中，主要负责人是联合国紧急救济协调员，一般由联合国副秘书长担任该职位，其响应主体是联合国机构间常设委员会中的各个成员机构，包括联合国开发计划署、联合国儿童基金会和联合国人道主义事务协调办公室等九个联合国机构。其中，联合国人道主义事务协调办公室直接受联合国紧急救济协调员管理，主要负责人道主义响应行动的整体协调、联合评估、信息管理和其他支持。而其他机构则领导全球组群系统具体开展相关人道主义援助，包括卫生、教育和后勤等 11 个领域。此外，联合国机构间常设委员会的 8 个常设机构也在人道主义事务中扮演关键角色。

2. 联合国应急救援机制

第一，救援主体。联合国应急救援响应机制由两部分组成：一是国际城市搜索与救援咨询团，其成立于 1991 年，秘书处设在联合国人道主义事务协调办公室。为了推动国际救援领域的整体发展、增强国际救援队能力建设、提升国际救援行动效率，国际城市搜索与救援咨询团推出《国际搜索与救援指南》、国际救援队能力分级测评体系、国际救援协调与信息管理平台、专项业务工作小组，以及国际演练和培训等措施。二是国际救援队，主要负责搜救城市建筑物倒塌时的被埋压人员。

在响应过程中，各国际救援队开展行动依托于虚拟现场协调中心，具体会涉及两个功能单元：一是接待与撤离中心，这是联合国在受灾国为所有国际人道主义援助实体建立的连接口岸，一般会在最接近灾区的国际机场；二是城市搜索与救援协调单元，这是联合国在灾害现场协调和支持国际救援队行动的核心功能单元。在信息平台方面，除了主要使用虚拟现场协调中心外，国际城市搜索与救援咨询团还开发了专属信息与协调管理系统，供所有成员国国际救援队使用。

第二，救援阶段划分及主要任务。联合国应急救援的响应期按照时间顺序分为预启动、启动与响应以及响应结束三个主要阶段。

一是预启动阶段。在该阶段，联合国通过全球灾害警报和协调系统网站发布灾害信息后，人道主义事务协调办公室根据灾害情况在虚拟现场协调中心上开辟专栏，各国际救援队开始关注此次灾情并根据需求派出队伍，或取消关注。按照联合国人道主义响应机制的整体流程，在全球范围内发生灾害后，全球灾害警报和协调系统会及时公布灾害的基本情况，若影响达到一定程度，人道主义事务协调办公室则会在虚拟现场协调中心网站开辟一个专栏对灾害的进展情况进行关注。

二是启动与响应阶段。在该阶段，受灾国通过官方渠道，一般是在虚拟现场协调中心网站中关于此次灾害的专栏里，向全球发布需要国际救援力量支援的请求，有意愿的国家派出国际救援队到灾区开展救援行动至现场搜救阶段结束。这时除了需要在虚拟现场协调中心的专栏中持续更新队伍状态以外，国际城市搜索与救援咨询团还通过在专属信息与协调管理系统提供专业平台。按照国际城市搜索与救援咨询团的国际救援行动过程，第一支到达队伍需要建立接待与撤离中心和城市搜索与救援协调单元，随后到达的国际救援队伍需首先在接待与撤离中心进行队伍注册，并前往城市搜索与救援协调单元，报到和领取任务。

三是响应结束阶段。当搜救工作接近尾声时，灾区政府会根据具体情况宣布搜救工作结束，并通过城市搜索与救援协调单元，通知有关国际救援队，开始场地交接和准备撤离。从此刻起国际救援响应进入结束阶段，至所有国际救援队全部撤离受灾国，此次国际响应便正式结束。

第三，救援保障与支撑。国际救援响应机制的保障与支撑有三：一是来自人道主义事务协调办公室在政策与资源等方面的支持。二是国际城市搜索与救援咨询团在专业领域的引领。主要包括整个国际救援体系的构建、行动规程和技术规范的制定，以及发展方向和战略的部署与推进等。三是成员国政府与相关组织的积极参与和投入。在国际救援响应机制保障与支撑中，国际救援队能力分级测评体系和国际救援协调方法是其核心。

按照国际城市搜索与救援咨询团的国际救援队能力分级测评体系，国际救援队分为重、中和轻型三类，分别对应不同的救援任务。截至2019年11月，全球已获得国际城市搜索与救援咨询团认证的国际重型救援队35支、国际中型救援队21支。

为能保障国际救援协调方法科学、合理、切实可行，国际城市搜索与救援咨询团在其《国际搜索与救援指南》中提出评估体系、搜索和救援级别体系、标识系统、国际救援行动工作表格系列，同时编制了《城市搜索与救援协调工作手册》，出台了标准化课程体系和岗位资质认证，并开发了专属信息与协调管理系统。① 图 3-2 展示了联合国人道主义应急救援的流程。

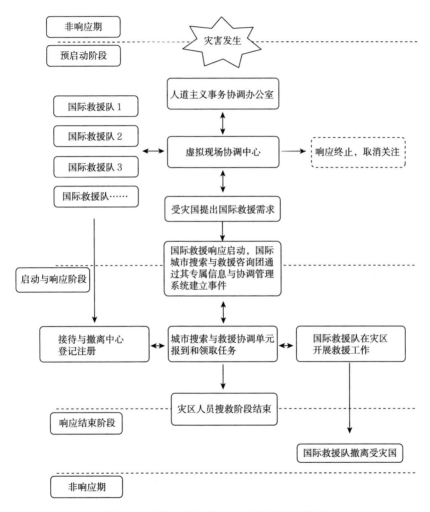

图 3-2 联合国人道主义应急救援的流程

资料来源：李立，《自然灾害国际救援响应机制与发展趋势研究》，载《灾害学》，2020 年第 4 期，第 174—180 页。

---

① 李立:《自然灾害国际救援响应机制与发展趋势研究》，载《灾害学》，2020 年第 4 期，第 176—181 页。

（二） 全球非政府组织人道主义应急救援机制

非政府组织是社会治理多中心力量中的重要一环，也是全球人道主义救援的重要力量。20 世纪 80 年代以前，非政府组织的国际救援以救济为主。20 世纪 80 年代，非政府组织的国际救援开始转向通过授权、动员和组织，以加强被救援当地社会的能力建设。20 世纪 90 年代以后，非政府组织的国际救援不仅关注直接援助和能力培养，还开始介入配套的有利的社会环境建设，以便可持续和根本地改善被救援对象的处境。

全球从事人道主义应急救援的非政府组织主要有：红十字国际委员会、红新月会、世界志愿者组织、凯尔国际、乐施会等。主要集中于人道主义救援、人权、安全，这是跨国非政府组织中数量最庞大的一类，通常分为以短期应急为主的人道主义救援非政府组织和以关注长期发展为主的非政府组织。[1]

其中，红十字国际委员会是全球历史最为悠久、最有影响的人道主义救援非政府组织。主要根据《日内瓦公约》和《国际红十字与红新月运动章程》，监督交战方对《日内瓦公约》的遵守情况，组织对战场伤员的救护工作，监督战俘待遇并与拘留当局进行秘密交涉，协助搜寻武装冲突中的失踪人员（寻人服务），组织对平民的保护和救护工作，在交战各方之间发挥中立调解者作用等。

人道主义救援由政府部门、非政府组织、其他民间人道主义组织，基于人道主义的基本原则提供。政府、联合国等从事人道主义救援时所遵循的原则主要体现在联合国大会第 46/182 号决议案中，而民间人道主义组织则参照《国际红十字和红新月运动及从事救灾援助的非政府组织行为准则》。2007 年，国际人道责任伙伴组织与其合作伙伴、灾难幸存者及其他各方一起制定了"2007 人道责任与质量管理标准"

---

① 蓝煜昕：《历程、话语与行动范式变迁：国际发展援助中的 NGO》，载《中国非营利评论》，2018 年第 1 期，第 3 页。

（"HAP"标准）。

二、区域国家间应急合作机制：以欧盟为例

基于互惠互助和应急能力差异，区域国家间应急合作非常重要，以欧盟最为典型。图3-3展示了欧盟民防机制框架。

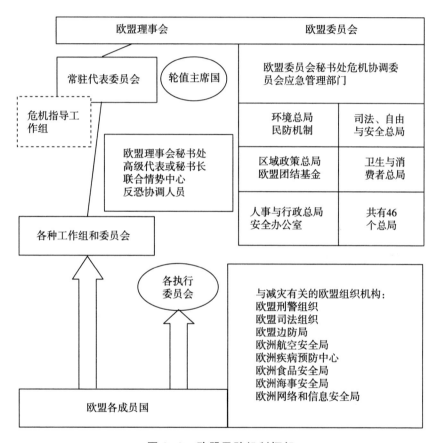

图3-3　欧盟民防机制框架

资料来源：邓萱，《欧盟民防机制经验及其借鉴》，载《中国安全生产科学技术》，2012年第1期，第125页。

（一） 欧盟公民的第三国领事保护

根据 1993 年的《马斯特里赫特条约》：如果一个欧盟成员国在第三国没有使领馆，该国公民无法得到领事保护时，可以到欧盟其他成员国驻该第三国的使领馆寻求领事保护。这是欧盟在国际司法中保护海外公民的一项重要政策。[①]

（二） 共同外交与安全政策

随着 1993 年《马斯特里赫特条约》的生效，欧洲经济共同体的主要职能被欧盟吸收，各成员国间政治和外交合作也被逐步纳入欧盟权限，形成了共同外交与安全政策。1997 年签订《阿姆斯特丹条约》后，欧盟又吸收了原西欧联盟的军事力量，并逐步获得北约物资使用权，初步建立起欧洲统一的武装力量以执行欧盟的安全职能，并完成共同外交与安全政策所要求的海外使命。

2013 年，欧盟委员会人道主义援助与公民保护署启用欧洲应急中心，成为欧盟公民保护和人道主义援助的重要部门。

（三） 欧盟民防机制

欧盟民防机制是欧盟应急管理体制的核心，也是欧盟应急领域的首个举措。

欧盟民防机制其主要作用与任务包括：在防灾阶段，为各成员国提供减灾培训、灾难演习和专家交流活动。在减灾阶段，通过监测和信息中心促进各成员国应对突发事件的协作能力。具体体现在：为国家、地区及地方政府民防事业的防灾、备灾和减灾提供支持和补充；促进民防信息公布，以提高欧盟公民的自我保护意识；增强民防国际合作，尤其是增强与中欧、东欧的欧盟候选国和地中海国家的合作。因此，欧盟民防机制对于提高欧盟民防协同能力有积极作用。

---

① 于军：《欧盟海外利益及其保护》，载《行政管理改革》，2015 年第 3 期，第 84 页。

欧盟民防机制主要包括以下几部分：

一是位于布鲁塞尔的监测和信息中心。由欧盟委员会环境总局提供 24 小时全天管理，作为各成员国的应急通信枢纽。监测和信息中心是救援请求的入口，可为受灾国提供汇集各成员国资源的"一站式"援助。监测和信息中心向成员国和受众发布备灾减灾信息和灾害警报，并实时播报紧急事件的最新进展和民防机制的干预措施。作为紧急救援的行动中心，监测和信息中心将受灾国的援助请求和成员国的援助资源进行汇集、统筹协调、指挥，并提供地理信息系统、遥感等技术支持。

二是初筛确定紧急救援队人员。欧盟民防队伍按功能分为 13 个模块。分别是：抽水和水净化、空中灭火（飞机和直升机）、城市搜救（大规模和中等规模）、包括医疗疏散的医疗援助（医疗站、现场医院、空中疏散）、紧急避难所、核生化检测和取样、核生化情况下的搜救等。

三是救援人员培训。培训内容包括，欧洲民防机制概览、应急运作管理、高水平协调合作、评估代表团、成员管理、媒体及战略安全、国际合作、信息管理、技术专家、志愿机构基础等。

四是组建负责评估灾害等级与风险、协调救灾的工作团队，在需要时立即派往灾区。五是构建欧盟委员会各部门、各欧盟成员国共享的应急通信系统。欧盟建立的公共应急通信系统旨在加强各成员国应急交流和警报。可发布和接收应急警报，通报受灾国所需援助清单，跟踪突发事件进展。公共应急通信系统为各成员国提供信息和经验交流平台，提高各阶段应急响应能力。为提高各成员国协同处理突发事件的协同性、有效性和快速性，欧盟在 1991 年启动欧洲紧急事件呼叫号码"112"服务。所有欧洲境内公民都可用固定电话或手机拨打"112"求援。①

---

① 洪凯：《应急管理体制跨国比较》，广州：暨南大学出版社，2012 年版。

欧盟民防的运作机制主要包括欧盟、求助国与援助国的五个机制：准备、请求、启动、调配和补偿。①

准备：各成员国在本国指定参与民防机制的机构和人员；参与民防机制培训、仿真演习和专家交流制度，改善各国救援队间协作关系并促进交流经验；在欧盟所有成员国中初筛确定紧急救援队和评估协调队人选；在两次灾难间隙，欧盟委员会、各成员国代表开会评估应对上次灾难处置经验并提出改进意见，以修订应急预案。

请求：当受灾国确定本国无力应对灾难时，受灾国经由公共应急通信系统向监测和信息中心发出援助请求，告知各成员国所需的援助类型、援助规模等。

启动：一旦监测和信息中心接受援助请求，民防机制立即启动不同的救援程序。如果是发生在欧盟内的突发事件，监测和信息中心在接受求援后会立即将其转发至各成员国，再由各国向监测和信息中心（或直接向求援国）反馈信息，告知本国是否提供援助以及可提供的援助类型与数量。在接受欧盟以外国家求援时，欧盟委员会需要咨询欧盟理事会以确定救援步骤。

调配：民防机制启动后，援助国将与求助国直接联系，商议接受援助的程序（如援助的交付、输送、签证规定和海关要求等）。一旦求助国与援助国达成民防援助协议，援助国的应急资源就开始向灾区调配。由于援助的主体多样化，监测和信息中心会向受灾国派遣一个专家小组进行现场协调。该小组将确保求助国和其他援助国进行有效沟通，以整合欧盟提供的民防援助并促进欧盟救援队工作的展开。他们还会持续监测灾难发展并作出评估，以此促进监测和信息中心总部的信息更新。此外，监测和信息中心还会根据相应的专业领域从民防模块中抽调援助资源。

补偿：民防机制求助国应承担他国援助费用，至于如何补偿则由

---

① 邓萱：《欧盟民防机制经验及其借鉴》，载《中国安全生产科学技术》，2012年第1期，第125页。

援助双方在调配阶段商定。实际上，大多数成员国会提供免费援助。如救援对象是欧盟外国家，根据官方发展援助的救援原则，受援国不承担任何援助费用。

三、发达国家海外公民权益维护应急机制

（一）美国的做法

1. 国家应急响应框架

美国各级政府对国内外各类突发事件的应急响应都依据国家应急响应框架的指引。国家应急响应框架是政府部门、私营机构、非政府组织等共同的应急指南，指导各级政府及其他组织机构在应急响应中应发挥的作用、应采取的行动以及相互间的协作和支持。[①]

第一，地方政府的应急职责。政府要员（市长、市政执行官、县政执行官）有责任确保公共安全和居民福祉，负责为应急准备、响应和恢复提供战略指导和资源支持。应急管理执行官负责协调应急管理日常工作，监督、检查应急管理规划的实施，协助市长做好应急管理工作，确保当地应急管理计划和各项工作目标统一、有序推进。应急管理有关单位、机构（如消防、法制、应急医疗服务、公共工程、环境和自然资源等）负责人和应急管理执行官合作，整合应急资源和能力，共同促进当地应急管理计划的实施。个人和家庭在整体应急管理战略中扮演重要角色，包括：加强防范和减少住所及周边潜在威胁；制定家庭应急计划，准备应急箱；加入志愿者组织，参与防灾、抗灾、救灾、减灾工作；参加当地红十字会、培训机构、高校的应急管理课程学习；等等。

第二，州级政府的应急职责。州政府和州长对辖区居民的安全和福祉负责。在应急响应过程中，州政府在协调统筹本州资源以及取得邻州的协助与支持等方面发挥重要作用。各州均设有应急管理机构，

---

① "National Response Framework", http://www.fema.gov/pdf/emergency/nrf/nrf-core.pdf.

配备相应的专职人员，包括州国土安全机构、应急管理机构、卫生机构、州警察局、事故管理队伍、交通运输机构、专业队伍和国民警卫队等。在应急响应中，州政府的主要职责包括：在事前、事中和事后适时补给所需的人力和物力资源，当州政府预判相关资源将面临短缺时，州长可向联邦政府寻求帮助，也可依据应急管理援助协议向其他州请求援助。

第三，联邦政府的应急职责。当灾害已实际超过或预期可能超过地方政府应急能力时，联邦政府可根据地方的请求提供人员或物资支援。对归属联邦政府职责（如军事、联邦设施、领土等）的事件，相关联邦部门是应对该突发事件的第一责任主体，在充分协调州政府和其他合作伙伴的基础上做好各项工作。联邦政府与私营机构和非政府组织保持紧密的工作关系。依照美国2002年《国土安全法》和国土安全总统令，国土安全部长是应对美国本土突发事件时负有首要责任的联邦官员。其对于突发事件的管理包括：预防、保护、应对和恢复。其他联邦部门和机构有责任支持国家应急响应的相关工作，在相应的应急协调机制下履行职责。国土安全部在各层级、各阶段均负责协调其他机构。

2. 应急响应五项原则

国家应急响应框架规定了应急响应的五项主要原则：一是建立协作伙伴关系；二是实施分级响应；三是响应能力具有可扩展性、灵活性和适应性；四是统一指挥、统一行动；五是常备不懈，确定了支持国家应急响应任务的行动。其中：建立协作伙伴关系，实施分级响应，以及统一指挥、统一行动三项原则在一定程度上规范了应急管理中的政府间关系。

建立协作伙伴关系。各层级政府领导人要制定共同行动目标、强化协调能力，积极支持并参与协作伙伴关系，保证政府部门不会在危机中陷入瘫痪。联邦、州和地方政府的相互支持，有利于制定共同的应急预案，在必要时作出共同应急响应。建立协作伙伴关系要求所有合作伙伴在应急框架下互相通报突发事件的应对工作及快速响应情况，如图 3-4 所示。

实施分级响应。基层政府遭遇突发事件时可请求外部援助。发生突发事件时，地方政府、机构、非政府组织和私营机构要作出统一响应；部分突发事件需要邻近地区或州的支持；少数突发事件甚至需要联邦政府支持。各级政府、机构、组织都要做好应急准备工作，并筹措所需资源。

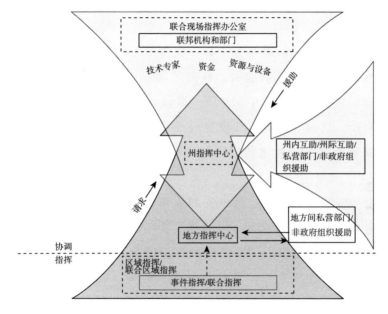

图 3-4　美国应急管理政府间关系

资料来源：苗崇刚、黄宏生、谢霄峰等，《美国应急管理体系的近期发展》，载《防灾博览》，2009 年第 4 期，第 20—31 页。

统一指挥、统一行动。成功的应急响应须要统一行动，而运用突发事件指挥系统是实现跨辖区、跨机构应急管理的关键。统一指挥可为履行不同管理权责的机构提供联合支持。

3. 应急响应步骤

美国 2008 年版的国家应急响应框架规定美国联邦机构应急响应及

恢复行动的运作流程如图 3-5 所示，具体如下：

第一步，国土安全部及其分支机构连续监控潜在突发事件信息，在威胁发生时及时启动区域运作中心。

第二步，一旦发生突发事件，地方政府应立即启动本地资源，并通报州政府，由州应急响应机构评估并决定是否需要向联邦政府求援。

第三步，如果需要州救助，则动用州资源并通知国土安全部灾区办公室采取行动。由州长宣布全州进入紧急状态并启动州应急预案。

第四步，一旦州的请求被宣布为重大突发事件，国土安全部将实施联邦应急预案。包括：任命联邦协调官，启动突发事件支援小组、突发事件应急小组、区域运作中心、重大灾害响应小组等。

第五步，完成应急响应后，在灾区展开恢复行动。联邦和州协助恢复和减缓灾难的机构集中讨论下一阶段州政府的需求。

第六步，启动应急响应和恢复行动后，灾区办公室的减灾人员选择最佳减灾措施，最大化利用联邦、州和地方资源以修复或重建受损设施。

第七步，当联邦政府应急抗灾政策不再被受灾地区需要时，突发事件应急小组开始实施撤离，选择性撤走联邦资源并且关闭灾区办公室。

第八步，行动结束后，联邦协调官会同突发事件应急小组编制总结报告并提交国土安全部，供后续行动参考。①

由此可见，美国国家应急响应行动程序的特点是：国土安全部参与应急行动的全部过程（包括紧急事件预警—应急行动—恢复—总结分析），提高了突发事件协同应对水平，并从中积累了更多的处置经验，提高了处置效率。②

---

① 政部应急管理平台项目考察团：《美国、加拿大应急管理工作及其启示》，载《中国民政》，2008 年第 6 期，第 34—36 页。

② 李志祥、刘铁忠、王梓薇：《中美国家应急管理机制比较研究》，载《北京理工大学学报》（社会科学版），2006 年第 8 期，第 3—7 页。

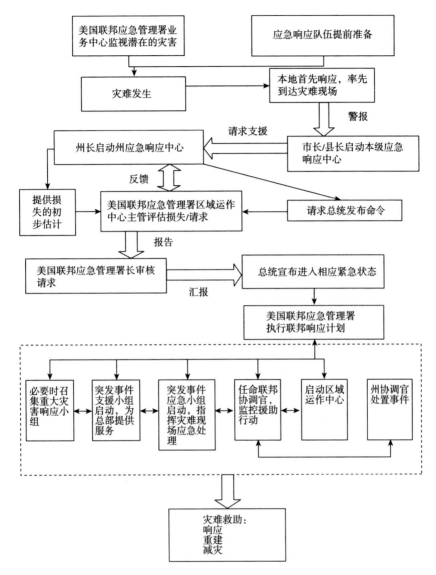

图 3-5　美国灾害应急管理流程

资料来源：黎健，《美国的灾害应急管理及其对我国相关工作的启示》，载《自然灾害学报》，2006 年第 15 期，第 33—38 页。

4. 不同阶段的应急管理任务

第一，准备阶段。准备阶段在于设计响应阶段应如何应急，包括：计划，组织、培训、装备，实施，以及评估和完善，如图 3-6 所示。

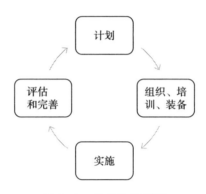

图 3-6　准备阶段循环

资料来源："National Response Framework"，http：//www.fema.gov/pdf/emergency/nrf/nrf-core.pdf。

计划主要包括如何利用人员、设备和其他资源支持事件管理与应急响应活动。计划确立起良好的运行机制和组织系统，确保行动的优先顺序，整合各机构功能，确保通信和其他管理信息系统相容。

组织需要职能强大而全面，加强各级的领导，并建立一支能满足应急响应和恢复任务必需的高素质雇员及志愿者队伍。各级政府提供有效响应并不断提高响应能力。地方、区域、州和联邦政府配置不同类型的响应设备。有效的准备，需要有策略地获取和部署充足的设备、用品、设施和系统以执行响应任务。

政府、非政府组织、私营部门和志愿者组织均被纳入应急培训体系中，培训通常包括一系列标准化课程：跨机构事故指挥与管理、组织结构设置、行动程序、各部门具体的事故管理职责、技术支持的整合与利用等。

演练是应急准备中极为重要的环节。应急演练按目的通常分为研究性演练、检验性演练和示范性演练，按演练方式可以分为桌面演练、模拟演练和实战演练，按演练规模可以分为岗位操练、单项演练、功能性演练和全面演练。应急演练的基本流程主要包括：计划、准备、实施、评估和持续改进五个阶段。计划阶段要开展演练需求分析、任务安排、演练计划等相关文件编制工作；准备阶段要开展组建组织架构与团队，以及编制工作方案、脚本、评估方案、保障方案等工作；实施阶段主要开展现场检查、启动、执行、记录、结束等工作；评估阶段主要开展评估、总结、资料归档等工作；持续改进阶段的主要工作为应急预案修改和应急管理工作的改进。

准备阶段的评估和完善既是最后一环，又是有效准备的基础。通过制定应急预案，定期开展突发事件的应急培训与演练，建立应急通信信息系统，利用无线通信网、卫星通信等设施收集和分析信息，提高突发事件的预测、预报的效率与能力。

第二，响应阶段。响应是针对灾难作出的即时行动。包括：人员撤离疏散、用沙袋构筑防御工事、保证应急食品和水源安全、提供应急医疗服务、搜索救援、灭火、防止抢掠并维护公共秩序。美国的应急响应活动是"统一、协作、持续"的有机体系，是以各地方政府作为节点的扁平化网络，应急节点运作均以应急指挥系统、公共信息系统和多机构协调系统为基础。

灾害应急响应程序如下：一是联邦和州政府应急管理机构启用指挥场所，召集各相关部门人员现场协同办公；二是上级政府或周边地区增援力量到达，并在属地政府的指挥下开展救援；三是联邦和州政府应急管理机构仅作为该网络节点，主要为地方政府提供应急支持和补充；四是联邦和州政府应急管理机构负责分析相关信息并上报关键信息，美国联邦应急管理署的灾害报告要报送美国联邦应急管理署长、国土安全部长和总统；五是在涉及跨区域应急时，由联邦或州政府负责组织相关部门和地区拟定应急救援活动目标、应急行动计划及向各地区增援的优先顺序。

第三，恢复阶段。一旦完成救助，响应重点将逐步让位于灾后恢复重建，转向协助个人、家庭、企业满足基本需要及恢复自给自足，以及修复重要基础设施。

恢复阶段大致可分为短期恢复和长期恢复两大类。短期恢复解决燃眉之急，包括：提供必要的公共健康和安全服务，恢复中断的公共事业服务，重建运输路线，为无家可归人员提供食品和应急避难场所，上述活动要持续数周。长期恢复时间长达数月或数年，包括：提供财政支持和贷款，以修复或重建受损住宅和其他个人财产；提供拨款并配合长期减灾措施，以修复、重建受损道路和公共建筑；提供技术支持以识别和利用减灾机会降低未来损失；提供危机咨询、减税、法律、就业指导服务。

5. 应急响应的社会参与机制

美国国家应急响应框架规范了私营部门和非政府组织的应急响应角色。

第一，私营部门。首先，私营部门必须在工作场所为雇员提供救济和保护；应急管理者要与企业界密切合作，提供必需的水、电、通信网络、交通、医疗护理、安全及其他服务。

基于部门性质和事件性质，美国国家应急响应框架将参与应急响应的私营部门分为五类，如表3-1所示：

表3-1　美国参与应急响应的私营部门的分类及其角色

分类	角色描述
受事件后果影响的组织	这类私营组织可能会直接或间接地受事件后果影响，如影响私人拥有的重要基础设施、关键资源和其他重要的国家和地区私营部门从事件中复苏
受管制或责任方	某些受管制设备或危险品的经营者，要承担防止意外事故发生的责任，一旦发生事故要积极响应。例如，核电站运营商须要制定应急预案，定期维修设施，进行响应演习

续表

分类	角色描述
响应资源供应方	这类私营部门在事件发生时根据当地公共和私营应急预案和援助协议，或根据来自政府和民间志愿者的倡议提供响应资源，包括专业小组、必要服务供应商、设备器材及先进技术等
州或地方应急合作伙伴组织	这类私营部门在地方和州应急防备和响应中可作为合作伙伴

资料来源：作者自制。

第二，非政府组织。非政府组织是美国应急管理的重要角色。尽管其机构规模相对较小，但具有较强的灵活性，能对突发事件作出快速反应。同时，非政府组织能广泛动员多方资源，在灾害发生后组织捐款捐物并组建相应的志愿者团队。美国一些非政府组织已被指定为国家应急响应的正式支持力量：

一是美国红十字会。作为核心力量，美国红十字会提供《应急支援功能》第 6 条所指的医疗服务。[①] 在救援实践中，美国联邦应急管理署与灾区红十字会沟通灾情，双方成员通过全国联合办公室紧密协调，红十字会也与当地和州政府相互配合、分享相关信息。

二是全国灾害志愿组织。这是个提供知识和资源服务的综合机构，相关知识和资源涵盖整个灾害救援周期（准备、响应和恢复阶段），以帮助灾难幸存者及其所在社区。该组织是一个约有 50 个国家组织和 55 个州组织的联合体。发生重大事故时，该组织派代表到美国联邦应急管理署的国家响应协调中心参与响应协调。

非政府组织通常在灾后第一个月的作用十分显著，随着政府体系的恢复并发挥作用，大多数非政府组织会在一个月后撤离现场。

第三，社区应急响应小组。社区应急响应小组是重要的城市基层

---

① 《美国的救灾应对程序与 NGO 的力量》，http://www.dgemo.gov.cn/yjzx/ShowInfo.asp?ID=29。

组织，主要通过公共教育、培训和志愿者服务等，对上捍卫国家安全，对下做好社区和家庭的应急准备。①

目前，全美已有数百个社区实施了社区应急响应小组计划。灾害发生时，社区应急响应小组成员能给予现场第一反应人以有效支持，向市民提供即时援助，并在现场组织志愿者。社区应急响应小组培训课程共计 20 小时，培训内容包括：灾害准备、消防、急救基础知识、轻型搜索救援行动及救灾模拟演练等。

第四，全国应急管理协会。全国应急管理协会是全国性的应急管理专业组织，为政府领导和实施综合应急管理提供专业知识，并作为提供应急管理信息和援助资源的重要渠道，通过战略伙伴关系、创新方案和协作等持续推进应急管理进步。

全国应急管理协会主要有六项职责：一是加强与国会和联邦机构间的联系；二是与影响应急管理的关键组织和个人建立战略伙伴关系；三是通过积极分子解决应急管理问题；四是每年举行两次全国性应急管理会议；五是为州主管官员和高级职员提供信息共享和业务支持网络；六是提供专业性培训。全国应急管理协会下设的国家应急培训中心可开展国家级应急培训，包括由美国联邦应急管理署创办的应急管理学院和国家消防学院。

应急管理学院旨在提升美国各级政府官员防灾、备灾、抗灾、灾后恢复及减轻灾害事件潜在影响的应急管理能力，综合运用应急管理原则，贯彻实施国家应急响应框架，运用突发事件管理系统和全风险管理方法进行综合应急管理教育培训。②

应急管理学院向美国联邦应急管理署工作人员、联邦合作伙伴、州和地方应急管理人员、志愿者组织以及第一响应人提供 400 多门综

---

① 吴新燕：《美国社区减灾体系简介及其启示》，载《城市与减灾》，2004 年第 3 期，第 2—4 页。

② "Emergency Management Institute（EMI）Overview"，https：//training. fema. gov/history. aspx#：~：text=The%20Emergency%20Management.

合应急管理课程。此外，应急管理学院还提供国际应急管理培训。

应急管理学院有 14 门特色课程，比如高级专业系列课设有 5 门必修课程（如事故命令系统、快速评估研讨、地方政府减灾规划研讨等）、16 门选修课（如高级公共信息管理、社区供给系统资源中心、主要应急管理者国家标准演习等）以及学校项目课程等。[①]

（二）法国的做法

1. 国内应急运作机制

法国政府应急机制主要涉及信息报告、先期处置、逐级响应等环节。

第一，信息报告。为及时、全面掌握法国各地突发事件信息，法国内政部在国内设立了数千个信息采集点，主要是分布在各地的警察、宪兵和消防中心等单位以及国家卫生、生态、工业等部门的地方分支机构。此类信息点将其搜集的突发事件和潜在风险信息，经政府专网上报内政部。内政部在民防总局设立的信息处理中心负责信息接收、分析和上报，从而形成了较为高效快捷的信息直报网络体系。

第二，先期处置。法国政府还与民间建立专门的危机信息传送渠道——"18"火警电话。民众在发生危机时，通过该渠道直接向消防中心报警，接警后的消防中心会立即派出消防力量并上报省级专员公署。各类公营和私营部门在政府的指导下，自备应急救援预案和相应的应急救援力量，并按规定委任专人与省级专员公署联系。当突发事件发生后，立即自行组织先期处置，并向省级专员公署或其派驻机构报告。

第三，逐级响应。如果突发事件超出一定地域或达到一定规模，上级政府将适时介入。相关程序为：消防中心向省级专员公署请求支援，市镇政府不直接指挥处置工作，主要为省级专员公署提供资源支

---

① "Featured Programs"，https://training. fema. gov/programs/featured. aspx.

持；省级专员公署需要中央政府介入时，直接由防卫区启动响应。省级专员公署、防卫区、内政部接到支援请求或认为有必要干预时，首先协调应急资源支援地方应急救援，指挥权仍在下级。中央政府只有认为事态必要时才启动本级应急预案，直接指挥应急处置。法国应急管理运作机制如图 3-7 所示：

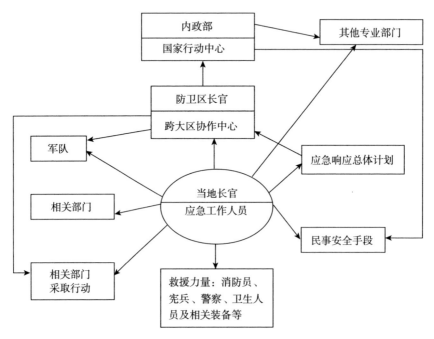

图 3-7 法国应急管理运作机制

资料来源：作者自制。

2. 海外公民领事保护与应急救援制度

法国是 1963 年《维也纳领事关系公约》的缔约国，也是《关于民事或商事司法和非司法性文件的跨国传送的公约》《欧洲领事职能公约》《关于在国外的民事或商事案件取证的公约》等一系列领事相关国际公约的缔约国。目前法国领事合作相关条约涉及领域主要包括：税务、社会安全、反社会补助金欺诈、青年交换、外交官配偶的雇佣、跨境或民政合作、公民安全合作、驾驶证互认、边境管理、引渡合作、刑事案件互助和青年交流等。①

法国海外公民领事保护及应急救援的相关机构主要有：领事事务民意代表机构——海外公民大会；领事管理机构——外交部海外公民与领事事务局；领事派出执行机构——各驻外（总）领事馆、使馆领事处和领事办公室；领事保护与应急机构——危机与救助中心以及海外领事网络。

法国外交部还设有危机与救助中心，该中心是唯一直接隶属于法国外交部长的司局，内设监控中心、国际人权行动中心、危机应对中心、维稳工作处和国际合作处。该中心的资金来自中央财政预算以及地方政府对外活动基金、国家救助基金。这两个基金可接受企业和个人的公益捐助，前者由参与领事救援的地方政府支配，后者可由各驻外使领馆直接支配。

法国政府要求危机发生地的使领馆要在危机后一小时内成立危机应急小组，以最快速度掌握危机状况、明确海外公民的受害情况及救助需要。法国危机与救助中心常态下配备有来自外交、军事、应急、医学、心理、运筹等领域的海外应急救助专家。在随即派出的应急救援队伍中也会视需要增聘各类专家。此外，该中心与法国国家安全部总秘书处、国防作战指挥中心、内政部和卫生部等联系密切。

驻外领事机构负责危机预警，实时收集和处理各个地区的安全信息向法国危机与救助中心汇报，后者再通过线上网站"旅行者建议"集中向海外公民和企业提供实时安全信息和应急预案。该网站的海外安全与公共卫生信息涵盖了191个国家和20个专题，每年信息更新次数上千次，其更新流程通过ISO9001质量管理体系认证。

在危机应对方面，法国在全球的领事馆均设有应急小组，可在法国危机与救助中心应急预案启动前，承担海外第一现场的先期处置职责。

---

① 陈良松：《21世纪法国领事服务改革研究》，外交学院硕士论文，2019年5月，第12页。

3. 应急管理国际合作

1999 年 12 月 8 日，欧洲理事会第 1999/847/EC 号决议制定的欧盟行动计划旨在促进欧盟民事安全保卫合作。2007 年 3 月 5 日，欧洲理事会第 2007/162/EC 号决议制定了一套财政办法，以提高各国民事保卫行动能力并加强国际合作（培训和演习等）。随着欧洲一体化进程的加快，欧盟各国已将应急管理纳入欧盟国家间合作的优先事项，欧盟各国应急管理合作不断加深，法国在涉外应急管理和国际救援方面的力度也不断加强。

第一，建立常态化地区国际合作机制。欧盟民事安全保卫合作机制是根据 2001 年 10 月 23 日欧洲理事会第 2001/792/EC 号决议建立的，确保当一国发生工业或技术灾难时能得到成员国援助。当成员国成灾时，可通过欧洲委员会的追踪和信息中心，请求欧盟提供资源支持。该中心拥有各成员国的应急资源数据库和应急通信系统。此外，法国还与周边六国签订了双边灾害救援合作协议。

第二，加强涉外应急管理。法国外交部具有涉外危机管理和应对职能，可为身处异国灾区的法国公民提供帮助及向受灾国提供人道主义援助。为此，法国外交部设立危机处理中心，负责分析、跟踪海外突发事件情况，评估海外风险，向海外法国公民传递预警信息，并通过外交渠道请求有关国家为法国公民提供保护措施，或直接为其避险、撤离提供帮助；负责管理国际捐赠，统一协调本国救援力量的海外行动，并通过救灾合作发挥国际影响。

（三）德国的做法

1. 应急管理两大体系

德国的应急管理体系居世界前列，素有法律制度完善、机制协调合理、救援队伍充实、分工布局完善和装备器材齐全等优势。从纵向看，德国将突发事件分为战争民事保护及和平灾难救援两个层次，前者由联邦政府负责，后者则由州政府主管。

2002 年，德国联邦政府与各州政府在联合对全国的民防和灾难防护进行评估后，制定了《民事保护新战略》，其主要目的是由联邦和各州共同承担责任，共同应对和解决异常危险和灾害。

第一，纵向体系。德国内政部设立联邦民事保护与灾害救助局，专门负责民事安全、参与民众保护和重大灾害救援的指挥，优先统筹所有相关任务及信息，协调联邦政府各部门及各州政府间的合作，负责自然灾害、事故灾难、传染病疫情等重大灾害的综合管理。联邦民事保护与灾害救助局组织跨部门、跨州的多学科专家组成专家库，并搭建内部信息平台，为决策者提供民众保护和灾难救助信息。

德国有 16 个州，各州的应急业务由州内务部负责，应急机构主要有消防队、警察局、刑事侦查局、技术救援协会、事故医院及各类志愿者救援组织。州政府负责向县市提供财政、资源和信息支持。

第二，横向组织。德国横向应急救援队伍有四支：一是消防中心。其为各州的主要应急救援力量，不仅负责就地抢险和伤病员运送，还负责突发疾病或重病患者的急救运输；不仅承担现场救援任务，还承担现场指挥、开展宣传教育等。此外，还有职业、志愿和企业消防等三类消防队伍。

二是技术救援协会。其主要任务是提供救灾所需的专业知识和技术装备，并依靠其技术装备和人员，拯救人和动物的生命，抢救各种重要物资。

三是各类志愿者救援组织。如德国汽车俱乐部，早期主要承担会员车祸救援，近年来与政府合作。

四是公立事故医院。主要负责派遣医生到消防中心和技术救援协会承担现场急救指挥，并承担伤病员的急救和康复工作。

2. 应急指挥体系

德国应急指挥部通常分为两类：行政指挥部与战术指挥部。当大规模紧急事件爆发时，事发地最高行政长官负责统筹安排应急救援行动，并成立行政指挥部与战术指挥部。行政指挥部亦称"危机指挥部"，主要负责在后方组织应急行政决策与沟通协调，其构成人员主要来自政府部门。战术指挥部，也称"领导指挥部"或"技术救援指挥部"，主要负责前线救援行动的具体执行，其构成人员主要是专业救援机构与志愿组织。

行政指挥部的总指挥通常是副市长或副县长，成员包括：常设成员、相关成员、协调小组，以及公关与媒体发言人。其中，常设成员包括：负责消防、秩序、卫生、灾难保护、社会、环境和公关等事务的内部成员，以及来自警察局、能源供给部门、军队等的外部成员。相关成员包括：来自议会所有厅局、办事机构等的内部成员以及来自机关、乡镇、第三方的专业人员等外部成员（如公共交通、企业等）。协调小组的职责是协调内部事务、沟通两个指挥部、保障通信联络畅通、通报灾情信息、与外界沟通、接听市民热线电话、起草汇编文件等。突发事件发生后，各行政指挥部成员将立即赶赴指挥部，并迅速了解灾情、研究对策。行政指挥部的具体构成取决于突发事件的性质与规模，办公地点一般设在后方固定指挥场所。

战术指挥部的总指挥通常是消防局长。在应对一般突发事件时，战术指挥部由内部人力资源、灾情、救援和后勤物流四个小组构成。还可依据具体情况，增设信息沟通和媒体工作等两个小组。此外，战术指挥部还设有外部顾问和联络员。战术指挥部办公地点一般设在救援现场或者救援现场附近的流动车辆、固定地点或后方定点指挥场所。

3. 模块化的组织架构

德国应急救援队伍体系已形成以消防为核心、以技术救援为后备骨干、以志愿者为支柱的社会高度参与的队伍分工格局。应急救援队伍主要有消防中心、技术救援协会、公立事故医院和各类志愿者救援组织等，各支队伍均具备模块化的组织架构，以技术救援协会为例。

技术救援协会在全国各地设有分支机构，通过树状组织架构实现救援力量在全国的有效覆盖。技术救援协会的组织体系共分四级：

一是总部：设在波恩，由管理人员、志愿者代表和两个办公室组成。下设工作规范、海外、能力发展、物流以及技术与分支支持等处室。其中，技术与分支支持处又分设人员、组织、财务、信息与沟通等科。技术救援协会总部负责进行国际和全国范围的力量调配。

二是州协会：原本在 16 个联邦州均有设立，但为了节省财政资源，技术救援协会于 1995 年进行改革，最终将其精简为 8 个。州协会是跨区域的协调体制，负责调配其所辖区域的技术救援协会救援力量。

三是区域分局：为了使救援力量的调配更为高效，缩短大区域协调所耗时间，技术救援协会又在州协会之下设置了 66 个区域分局，协调本区域内地方性救援力量。

四是地方协会：地方协会是技术救援协会的基层性组织，在全国共有 668 个，负责具体实施应当地政府请求的应急救援工作。

技术救援协会在搭配基础力量和专业力量时，采取标准化配备和按需配备相结合的方式。由于技术救援协会的具体救援工作均由地方协会执行，区域分局专注于日常管理与救援协调。因此，技术救援协会的所有救援装配和救援人员由地方协会支配。每个地方协会至少配备一支基础性救援大队，包括一个指挥小组和两个基础救援小队。指挥小组配备四名队员和一辆指挥车；两个基础救援小队分为救援队 I 和救援队 II，分别配 9—12 名救援人员和一辆带挂车的救援车辆。此外，技术救援协会还按照实际情况为每个地方协会配备 1—3 支专业救援小组。各专业救援小组按照其所装备的器材分为 13 类：基础设施、供电、照明、泵水、定位、水险、爆破、清障、后勤和物流、水净化、指挥通讯、搭桥、油污处理。这种基础性和专业化相结合的配置模式为德国应急工作提供了充足的保障。

技术救援协会还建立起多支模块化国际救援队伍，包括：6 支快速反应供水队、4 支快速反应搜救队和 1 支快速反应空运服务队。快速反应供水队可在 12 小时内完成部署，每支快速反应供水队每天可为 4 万人提供净化水。快速反应搜救队现有 60 多名队员，可在 6 小时内完成部署。快速反应空运服务队可为技术救援协会实施国际救援提供海关通关、快速登机办理、协助技术救援协会人员外派和归队等空运服务，设在法兰克福机场附近，可在 2 小时内开展行动。

这种标准化、模块化的人员及装备配置结构及指挥体系，极大地提升了德国技术救援能力，充分体现了高水平工业化对应急救援的强大支撑能力。

第三节　完善海外中国公民权益维护应急机制的对策建议

随着共建"一带一路"倡议的逐步落实和中国对外开放水平的不断提升，中国公民和企业"走出去"的步伐加快，有效维护海外中国公民合法权益的工作更显突出，需要学界和决策层共同努力，商讨应对之策。

一、实施积极、适度、有重点的海外中国公民权益维护策略

明确海外中国公民权益维护的重点。一是要把周边国家尤其是东南亚国家作为区域重点。周边国家尤其是东南亚国家是海外中国公民的主要活动地区和各类权益密集区，应作为海外中国公民权益维护的区域重点。二是要把海外中国公民人身安全及房地产物权、金融资产、重要虚拟资产物权和重要知识产权作为内容重点。人身安全是公民一切权益的基础，理所当然应成为海外中国公民权益维护的底线。而房地产物权、金融资产物权、重要虚拟资产物权和重要知识产权是海外中国公民在海外安身立命、事业发展的财产基础和塑造社会人格的物质基础，理应成为海外中国公民权益维护的重要内容。物权（包括股权）在法律上是一种"对世权"、绝对权，保护海外中国公民的重要物权具有充分的法理基础。从海外中国公民的资产结构看，房地产是海外中国公民资产中的主体。而随着全球经济虚拟化和金融化水平的大幅提升，金融资产、虚拟资产和知识等物权在海外中国公民资产中的比例也在迅速提高。因此，将房地产物权、金融资产物权、重要虚

拟资产物权和重要知识产权列为海外中国公民权益维护的重要内容是符合实际的。三是要把保护各类精英人才的人身安全、知识产权、教育权益作为中国在欧美发达国家开展海外中国公民权益维护的重要内容。欧美国家是海外中国各类精英人才（特别是高科技人才）的主要聚集地，在美国等国家对华挑起贸易战、科技战的背景下，切实保护好海外精英人才具有战略价值。

二、完善海外中国公民权益维护的风险防范与风险减缓机制

（一）完善海外中国公民权益维护风险防范机制

1. 完善海外中国公民风险识别与评估机制

一是由中央国家安全委员会办公室或境外中国公民和机构安全保护部际联席会议组织相关部委和专家制定海外中国公民权益维护风险识别分类和风险评估标准，并为开展相关工作提供统一的技术标准。二是由外交部、商务部、中国人民银行、国家金融监管总局、国家市场监管总局、公安部、教育部、国家安全部、人力资源和社会保障部、科技部等牵头组织开展海外中国公民国别安全风险、房地产风险、金融资产风险、企业股（产）权风险、企业经营权风险、留学风险、知识产权风险，以及精英人才风险等关键领域安全的风险普查和风险评估。三是国内的国际关系、国际经济类学术机构联合起来，在国家相关部委的统筹下，同驻外使领馆、海外中资机构、海外侨团及国外一流研究机构合作，长期跟踪并分工开展海外中国公民国别风险研究。开发国别风险数据库、案例库，建立风险数据网络抓取采集及风险识别与评估长期机制。支持中资涉外银行、信用风险评估机构、保险机构开展国别和区域海外风险评估业务及前期研究工作。四是与国外相关政府机构、风险评估机构建立信息交换、共享或购买商业性风险评估服务等业务联系，充分发挥当地机构和知名商业机构的本土化和专业优势。五是制定海外中国公民各类安全风险自查表，建议海外中国公民进行定期风险自查，对已排查出高风险的海外中国公民给予适当

的隐患应对建议。六是加强风险评估结果的公示与使用。对于涉外部门已经排查并评估的重点隐患，除涉密部分外，有关部门应通过官网、官方公众号等及时公布并推送相关信息，提醒海外中国公民注意。

2. 完善海外中国公民风险防范体系

第一，明确海外中国公民风险防范的基本原则。一是自查自防自救是海外中国公民风险防范的基本前提。要建立海外中国公民风险自查制度，制定自查表，提示海外中国公民关注中国政府的风险提示，自觉遵守所在国的法律和当地的公俗良序，有效约束自己的言行举止，防止发生意外风险。一旦遇到风险，能够冷静面对，做好自救。二是互帮互助互救是海外中国公民风险防范的重要手段。要有效加强海外中国公民尤其是侨团内部的自我动员、自我组织和自我治理，一旦遇到风险，能够彼此照应、相互救助。为此，要加强海外侨团的风险互助互救应急预案体系建设和应急互助训练力度，提高其在海外的应急互救能力。三是海外中资机构、中资企业和海外安保公司是海外中国公民风险防范的骨干力量。这些企业和机构具有组织、资金、人力、装备、社会关系等方面的优势，是可信赖的海外应急救援力量。四是驻外使领馆等驻外机构是海外中国公民风险防范的前线组织者。五是国家相关部委是相关类别海外中国公民风险防范的国内牵头单位，外交部是海外中国公民风险防范的总牵头单位。如果涉案涉事的海外中国公民仅限于某一省区市，也可以委托该省区市外办负责协调。

第二，建立海外中国公民风险防范责任体系。一是海外中国公民个人及其所在海外中资企业和中资机构或国内派出机构要承担海外中国公民风险防范的主体责任，承担自查自助自救责任。二是保险、信用风险评估、海外安保等商业机构可依合同承担相应的风险防范责任。三是海外中国公民所在国政府承担权益维护的本土监管责任。四是中国政府是海外中国公民权益维护的托底责任人。

第三，建立海外中国公民权益重大风险清单、风险地图及清单化风险防控机制。一是制定重大风险清单。由中国驻外使领馆、侨团

（华侨联合会）、中资企业或机构等，分国别、分地区、分城市、分项目制定海外中国公民重大风险清单。二是绘制风险地图。系统推进海外中国公民权益风险排查和风险评估工作。科学编制海外中国公民权益损害综合防治区划图，开展安全风险评估和隐患排查工作，健全风险隐患研判机制，建立风险隐患清单数据库，编制安全风险地图。三是实施清单化风险防控措施。实行分级分类防控，对于具有重大和特别重大风险的清单事项，由外交部会同相关部委及相关省区市协调处置。对于具有较大和一般风险的清单事项，由驻外使领馆和当地华侨联合会采取措施。同时，积极引入和实施商业性社会化风险控制机构和风险控制措施。海外华侨华人组织聘请法律顾问、财务顾问、商务顾问、税务顾问、文化顾问、知识产权顾问、房地产顾问等，为不同领域的华侨华人提供专业服务。

第四，构建泛在互联、布局合理、务实有效的多层次海外中国公民权益维护网络布局。维护海外中国公民权益，需要超前布局以使领馆、友好城市、中资企业和机构为节点的海外中国公民权益维护网络体系。加强海外中国公民权益庇护基地（中心）网络建设，依托大中型中资企业和机构建设海外中国公民权益维护前沿阵地，特别是在共建"一带一路"国家、战略资源区、中国公民密集分布区、中国公民权益密集分布区有规划、有步骤地构建海外中国公民权益维护网络。

（二）完善海外中国公民权益维护风险减缓机制

1. 完善海外中国公民权益维护的相关法律法规

一是将海外中国公民人身安全法、海外中国公民人道主义援助法等相关法律列入"十五五"立法规划；并针对反不公平及恶意的外国制裁的最新实践进一步完善《中华人民共和国反外国制裁法》，进一步丰富海外中国公民权益维护的法律工具箱。二是签订海外公民权益维护的相关国际公约和地区条约，推进相关双边协议的签订。三是完善海外中国公民行为准则、海外中国公民权益维护标准。

2. 完善海外中国公民行为风险内控机制，有针对性地做好重点风险防范工作

一是通过相关数据分析，找到海外中国公民权益风险保护的突出短板和重点领域。二是针对重点领域做好相关风险提示，并采取相应的风险管控措施，如旅行路线及区域禁令、服务供应商选择建议、服务选择建议、保险措施、卫生防疫措施、法律防范手段、守法守纪提示、财产保全、公证、估值调整机制（对赌协议）、信用担保等。三是密切关注当地政府的法规政策变化和最新风险提示，并将其尽快告知当地侨胞。四是加强海外中国公民及公民团体的内控机制建设，做好各项内部防范工作。

3. 积极参与当地防灾减灾实践

一是海外侨团要积极参与所在国当地的防灾减灾活动，并提供可能的人力、物力、财力和智力支持。海外侨团要组织当地侨胞积极参与当地的灾害宣传教育、灾害防治、应急演练等活动。二是要扩展侨团防灾减灾信息网络、信息来源，提升防灾减灾技能，不断拓展合作渠道，掌握当地各类应急救援资源的实时分布情况。三是要融入所在国当地社会。既要加强与当地高层的接触与合作，也要加强与当地社会各界的接触与合作。

4. 有效增加防范性投入

一是购买海外安全咨询、安保服务、法律服务，提前与相关机构签订灾时应急服务合同；二是加大保险、资产互换、人员替补、合同替代等防御性投入。

5. 强化侨胞社区之间的互助型支持

海外中国公民要建立并加强同一社区内、同一侨社内、相邻侨社之间、海外侨社与中资企业和机构之间的互助机制建设，在彼此之间共享资源、信息，为同胞提供力所能及的互助和支持。

6. 切实提升中国的国际传播效能和国际合作能力

要推动中国广播电视节目海外落地，加强影视动漫及文化产品海

外传播，举办多层次的跨国媒体对话与沟通，加强媒体界、学术界等社会各界间的民间交流，鼓励与海外媒体合办媒体、合办节目、联合采访，充分发挥中国媒体的优势，在合作中广交朋友。积极培育和扶持能在国际社交平台上发表爆款产品的中国自媒体网红，优先支持其在小红书、抖音等中资背景国际社交媒体上发表相关作品。将海外中国公民权益维护的宣传教育更多地以多视角的方式展现在全球面前。

三、建立广域、高效的海外中国公民权益维护监测和预警机制

（一）健全监测网络、提升监测能力

1. 建设泛在互联、全面感知、全向智慧的海外中国公民权益维护监测网络

一是构建全面、系统的监测网络。实施监测预警数据工程，更高水平地运用大数据、人工智能、云计算等数字技术，建设覆盖全球、全领域、全方位、全过程的海外中国公民权益维护感知网络，除了依靠现有使领馆、侨团、中资企业和机构、新闻媒体外，要进一步拓展到当地与海外中国公民权益维护密切相关的劳工、教育、经济、科技、文化、政治、法律、医疗卫生等领域，要进一步延伸到侨社和华侨生活的主要方面；二是监测网络要逐步从中国公民分布密集的沿海城市、与中国友好的城市，向广大内陆地区扩展，特别是中资企业聚集和中国权益集中地区。

2. 建立主动发现和信息交换共享机制

一是建立基于实时、全域、全向、主动的监测机制；二是建立跨部门的监测信息交换共享机制；三是提升跨国信息交换与数据共享能力，提高信息共享水平，建立海外中国公民相关信息交换机制。

此外，还可以开发全球海外中国公民权益维护的公益性应用软件，并此基础上增加监测、预警等功能，运用信息化手段切实提高相关监测、预警、报警能力。

（二）完善预警机制，提高预警质量

1. 统一预警指标分类标准

鉴于国内各部门之间海外中国公民权益维护的现有预警指标存在较大差异，有必要建立统一的预警标准，实行分级分类并配备相应的预警信号标识。同时，预警信号要区分中长期的战略预警和短期、临灾的短近战术预警。

2. 建立人力信息与网络信息相结合的信息监测搜集网络

一是加强数据信息搜集的顶层设计。形成科学的信息分类、数据抓取、大数据存储调用、专用数据处理、数据分析队伍建设、大数据多层次开发利用等整体设计方案，以及相关技术标准及管理规范体系。二是开发专用数据库和专业信息分析软件，鼓励专业人员深度参与信息分析软件开发，切实提高信息分析软件对战术行动的支撑能力。三是建立高水平的技术信息分析机构和信息分析队伍。四是大幅提高战术信息分析能力。

3. 健全部门风险会商研判机制

各涉外部门要完善以监测预警信息为先导的风险会商研判机制，定期对风险信息开展会商核定和评估研判，及时分析监测预警情况，预判风险动态演化发展趋势，制定防范化解措施。强化重点时段风险会商研判，加强规律分析研判，做好重点时段、重大活动和重大事件的风险研判工作。

4. 建立规范化预警机制

除将境外中国公民和机构安全保护工作部际联席会议定期开展的信息交流分享与预警分析作为战略信息和趋势性宏观研究外，还应加速建立基于行业、区域和国家等战术层次的信息预警分析机制。

5. 提升预报预警信息精准发布能力

建立完善海外中国公民安全事故预报预警机制，提升短临预报预警准确率，实现各类海外中国公民安全预警信息早发现、早报送。建

立和开发海外中国公民安全预警信息发布平台和相应的手机应用软件。构建包含大数据智能分析支撑、观测采集与处理、智能灾情反馈互动、媒体矩阵融合发布等功能的新型互联网海外中国公民安全预警信息发布和传播渠道，实现重点时段、重要地区人群预警信息的精准、快速、靶向发布。

四、扎实有效提升海外中国公民权益维护应急准备水平

一是要进一步优化海外中国公民权益维护预案的顶层设计，实现海外中国权益维护领域全覆盖。要在充分重视海外中国公民人身安全应急预案的基础上，加速编制海外中国公民商务、投资、文化等权益维护应急预案，要逐步编制从海外社区、海外城市到国别、区域和全球性应急预案，从而形成横向到边、纵向到底的应急预案体系。二是突出重点，强化以精英人才群体、重大权益为对象的应急预案编制，推进物资储调、军地联动、灾害救助、新闻发布等重点环节预案编制。三是政府相关部门要为编制海外中国公民权益维护应急预案提供必要的应急预案修编模板及技术性支撑平台。四是制定应急预案衔接办法，强化各级各类预案的有效衔接。五是加强相关应急预案的情境构建、任务分析和能力评估，不断提高应急预案的针对性、科学性和可操作性。在体例上，要增加各类应急保障和应急资源等支持性附件。六是编制应急预案简明操作手册、应急处置卡和应急指南，按规定向海外侨胞发布。

五、形成统一多轨、快速联动、务实有效的应急响应机制

（一）切实提升对海外中国公民突发事件态势感知能力

一是切实提升对于海外精英人才安全的态势感知能力。二是加强对海外中国公民的经济维权、文化维权、教育维权等非人身安全事件的态势感知能力建设。三是切实提升对非聚居区、非英语国家等区域

海外中国公民安全的态势感知能力。四是切实提升海外重要信息的搜集整合能力。构建共享的信息网络和信息分析平台，进一步明确信息需求，不断提供信息供给能力，强化对海量异构信息的整合能力，实现对碎片化信息的有效整合。五是形成统一的态势感知地图标准，实现态势感知和处置方案的可视化展示及可视化应急决策分析。

（二）切实提高事件决策与指挥协调能力

一是健全完善应急管理统分结合机制。充分发挥外事部门的综合应急防范和应急指挥及协调作用，推进统一组织、统一指挥、统一协调。充分发挥各行业领域主管部门专业优势，负责本行业领域相关风险防范、监测预警和突发事件先期应对处置工作，建立完善各部门各司其职、应急联动、协同处置机制，形成齐抓共管、统分结合的海外大应急、全灾种格局。二是建立强有力的决策支持和支撑体系。尽快建立统一的海外中国公民权益维护应急支撑体系，构建起比较完整的应急资源数据库、决策支持系统、应急指挥平台和模拟训练平台，以支持前方的事件应急响应。

（三）强化海外舆情引导与应对能力

一是切实加强国际传播能力建设，及时有效地传播中国声音、中国观点、中国故事。二是有效提高中国国际传播媒体的新闻内容制造能力，推进与海外媒体的联合制作、联合发行，积极参与国际对话，不断提高节目的吸引力、公信力和传播力。三是提高中国海外媒体在议题设置、议题引导方面的能力，有效引领国际舆论。四是加强海外事件处置的信息收集、舆情监控和分析应对。五是积极扶持有国际传播能力外语自媒体的网红及其自媒体产品。

本章小结

随着全球化进程的加速，特别是共建"一带一路"倡议的推进，中国公民"走出去"的越来越多，在获得全球化所带来的机遇和便利的同时，中国公民也面临着越来越多、越来越复杂的风险，尤其一些突发事件所带来的影响，将直接危害或威胁海外中国公民的权益。因此，建立和完善相应的应急机制是维护海外中国公民权益的必要举措。当前，海外中国公民权益维护的各种应急、预警机制还相对薄弱。面对百年大变局和地缘政治冲突的叠加，海外中国公民权利益的维护面临着更加复杂的形势，需要建立快速、合理和有效的应急管理机制。结合联合国等国际组织、其他国家和地区的相关经验，以及中国的实际情况，本章提出了针对性的政策建议：实施积极、适度、有重点的海外中国公民权益维护策略；完善海外中国公民权益维护的风险防范与风险减缓机制；建立广域、高效的海外中国公民权益维护监测和预警机制；扎实有效提升海外中国公民权益维护应急准备水平；形成统一多轨、快速联动、务实有效的应急响应机制；等等。总而言之，海外中国公民的权益维护需要学界和决策层共同努力，共商应对之策。

第四章　海外中国公民权益维护的法制机制

海外中国公民权益的维护离不开法制保障。中共十八届四中全会通过的《中共中央关于全面推进依法治国若干重大问题的决定》（以下简称《决定》）明确提出，要完善涉外法律法规体系，强化涉外法律服务，依法维护中国公民和法人在海外的正当权益。[①] 这就从依法治国的战略全局出发，将依法维护海外中国公民的权益纳入依法治国的整体框架之中。

海外中国公民权益维护需要参考和借鉴国内外相关理论和立法经验，健全相关法律法规，明确权益维护原则、行为主体和分工以及责任和义务等内涵，规范权益维护行为。

第一节　海外公民权益维护的法制基础

对于海外公民的权益维护，有学者认为，其法治保障既涉及国家法（包括母国法和外国法），也涉及国际法（包括人权法和人道法），从而将其概括为母国法、外国法和国际人权法三维路径。[②] 不过，母国

---

① 《中共中央关于全面推进依法治国若干重大问题的决定》，http://www.gov.cn/zhengce/2014-10/28/content_2771946.htm。

② 滕宏庆：《海外公民权利保障的三维研究》，载《学术研究》,2015 年第 5 期,第 63 页。

法和外国法都是因国而异。从一般的理论探讨而言，结合国际法、政治学和国际关系理论来看，海外公民权益维护的理论主要涉及双重管辖理论（国家主权相对性理论）、国际人权保护理论等方面。

一、双重管辖理论

从国际法的观点来看，作为国际法基本主体的国家，必须具有一定的居民、确定的领土、相应的政权组织和主权四个要素。其中，主权是现代国家的根本属性，是国家区别于其他政治实体的重要标志。主权原则是国家享有权利和承担义务的基础。[①]

国家管辖权是国家主权的重要构成要素，是国家的四项基本权利之一，是指国家对其领域内的一切的人（享受豁免权者除外）、物、事以及领域外的特定的人、物和事所具有的行使管辖的权利。[②] 其中，属地管辖权和属人管辖权是主要的两个方面。属地管辖权，是以领土范围作为管辖的标准。属人管辖权，则是以国籍作为管辖的标准。

居于一国的外侨（外国人）处于其居住国的属地管辖权之下，他们必须遵守居住国的法律。1985 年，联合国大会通过的《非居住国公民个人人权宣言》第 4 条就规定："外侨应遵守居住或所在国的法律，并尊重该国人民的风俗和习惯。"[③] 同时，居于一国的外侨也处于其国籍国的属人管辖权之下，要对本国尽一定的义务。如《中华人民共和国宪法》第 52 条就规定："中华人民共和国公民有维护国家统一和全国各民族团结的义务。"[④] 上述义务同样适用于海外中国公民。

因此，一国的外侨要同时受居住国属地管辖权和国籍国属人管辖权的双重管辖。这种双重管辖实际上来自主权的相对性。"国家主权的相对性主要是指国家主权的相互制约性、主权内容的动态变化性以及

---

① 曾令良主编：《国际法》，武汉：武汉大学出版社，2011 年版，第 84 页。
② 饶戈平主编：《国际法》，北京：北京大学出版社，1999 年版，第 102 页。
③ 《非居住国公民个人人权宣言》，http://www.un.org/chinese/hr/issue/docs/84.PDF。
④ 《中华人民共和国宪法》，http://www.xinhuanet.com/politics/2018lh/2018-03/22/c_1122572202.htm。

主权权力行使的有限性等。"① "绝对主权论者"往往片面宣扬国家主权的最高性和绝对性,并把它无限地拓展运用到对内和对外事务的处理之中。② 实际上,主权本身就蕴含有一定的相对性和发展性。

首先,从主权的领域限制而言,在其领域范围之内,国内管辖权具有最高效力;而在其领域范围之外,国家只能行使国际法所赋予的主权权力和相应的管辖权。③ 国家对居于其领域内的外侨行使属地管辖权时,应考虑和尊重其国籍国的属人管辖权。

其次,从主权的历史发展而言,随着国际化和全球化的发展深化,主权的相对化程度也会越来越高,对国家主权权力实施一定的限制逐步为国际法理论和实践所接纳和运用,原本属于国内管辖或一国内政的事项范围也在逐步缩小。④ 如人权或环境保护领域的事项往往具有国内管辖事项与国际法事项的双重性质。⑤

正是因为主权的这个特性,才构成了国际社会成员和平共处的一个重要前提条件,也是"解决接受国属地管辖权和派遣国对海外公民属人管辖权冲突的理论依据"。⑥ 正是基于此,"尽管外国人的国籍国也拥有对该人的属人管辖权,但属地管辖处于相对优先的地位,属人管辖须服从和受制于属地管辖"。⑦ 但是,属地管辖权并不因此而具有绝对性和独立性。一方面,"属人权威的行使是受尊重这些公民所在的外国属地最高权威的义务所限制";⑧ 另一方面,它也反过来构成了对

---

① 杨泽伟:《主权论——国际法上的主权问题及其发展趋势研究》,北京:北京大学出版社,2006年版,第33页。
② 张惠德、陆晶:《国家主权相对性:外国人管理的理论依据》,载《中国人民公安大学学报》,2012年第6期,第94页。
③ 同①,第9页。
④ 同②。
⑤ 李斌主编:《现代国际法学》,北京:科学出版社,2004年5月,第57页。
⑥ 李娟娟:《领事保护制度研究》,外交学院硕士学位论文,2008年版,第7页。
⑦ 万霞:《海外中国公民安全问题与国籍国的保护》,载《外交评论(外交学院学报)》,2006年第6期,第101页。
⑧ 伊恩·布朗利著,曾令良等译:《国际公法原理》,北京:法律出版社,2003年版,第16页。

属地非法"管辖"或属地不作为等行为的一种约束和限制。

　　属人管辖权有助于扩大本国法律在主权管辖范围外的域外效力，是国籍国保护其海外公民权益的国际法基础。正是基于属人管辖权，国籍国才可以对其海外公民提供领事保护甚至进行外交保护。

　　国际法保障一个国家对其领土内的人、物和事件的属地管辖权，因为它是国家主权的根本标志之一，是领土主权重要的体现。同时，国际法也保障国籍国的属人管辖权，正如《奥本海国际法》所指出的："虽然外国人在进入一国的领土时立即从属于该国的属地最高权，但是，他们仍然受他们本国的保护。据这一普遍承认的国际法的习惯规则，每一个国家对于在国外的本国公民享有保护的权利。"① 属人管辖权的规定，反映出了它对一个国家管辖其领土内个人权力的一种限制。② 国籍国行使属人管辖权，主要是通过与属地管辖权产生协调和冲突来实现。不过，对于现在的领事保护而言，更多的是一种协调意义。《维也纳领事关系公约》第 5 条，具体规定了各项领事职务。其中最基本的就是以下两项："（1）于国际法许可之限度内，在接受国内保护派遣国及其国民——个人与法人——之利益"，"（5）帮助及协助派遣国国民——个人与法人"。③ 由此归结起来，领事的主要职能就是保护和协助其侨民。

　　由于属人管辖权构成了领事保护的基础，④ 所以国籍也就成为一国进行保护的判断标准。但是《维也纳领事关系公约》并没有绝对限定这一基础。如第 8 条就规定："经适当通知接受国后，派遣国之一领馆

---

　　① 劳特派特修订，王铁崖、陈体强译：《奥本海国际法》（上卷，第二分册），北京：商务印书馆，1972 年版，第 173 页。

　　② Barry E. Carter and Albert J. Perkins, *International Law*, New York：Apsen Publisher, 2003, p. 743.

　　③ 《维也纳领事关系公约》，http://capetown. china-consulate. org/chn/lsbh/xgfg/t213674. htm。

　　④ 黎海波：《国外学者的领事保护研究：一种人权视角的审视与批判》，载《法律文献信息与研究》，2010 年第 2 期，第 33 页。

得代表第三国在接受国内执行领事职务，但以接受国不表反对为限。"① 这也就为领事保护中国籍的松动和突破奠定了基础。这一规定，无疑出于人权考虑。而且，早在人权还属于国内事项范畴的时期，这种实践就已出现。在当今国际人权思想和法律不断发展的时代，这种实践将会在人权因素的推动下更为普遍。

即使是在对国籍限定条件更为严格的外交保护领域，随着人道主义、人权理论和国际人权法影响的渗入和扩大，传统的外交保护理论和实践也逐步地融合了人权因素，体现出了更加人本化的发展趋势。② 如联合国国际法委员会二读通过的《外交保护条款草案》第1条就有这样的规定，外交保护是指一国针对其国民因另一国国际不法行为而受的损害，以国家的名义为该国国民采取外交行动或其他和平解决手段。这里所说的"国民"，既包括具有外交保护国之国籍的自然人，也包括其法人。此外，《外交保护条款草案》还规定了外交保护的对象包括难民、无国籍人、具有双重国籍或多重国籍的人。对于属于国家权利范畴的外交保护尚且如此，那么对于属于公民权利范畴的领事保护，在国际人权运动的推动下，主权的限制会相对放松，即其国籍限制会进一步放松。

二、国际人权保护理论

二战之后，国际人权法得以形成和发展。海外公民，一方面作为普遍价值的个人，另一方面作为特别主体的外国人，③ 也逐步被纳入国际人权法的保护对象之中。

---

① 《维也纳领事关系公约》，http://capetown. china - consulate. org/chn/lsbh/xgfg/t213674. htm。
② 黎海波：《海外中国公民领事保护问题研究（1978—2011）》，广州：暨南大学出版社，2012年版，第40页。
③ 滕宏庆：《海外公民权利保障的三维研究》，载《学术研究》，2015年第5期，第67页。

（一）外国人待遇制度

外国人待遇制度是确定和维护海外公民权益的国际法标准。外国人待遇是指外国人在外国享有权利和承担义务的一种综合制度。对于居留国而言，它成为其对待外国人的参照标准。对于国籍国而言，它成为其保护其海外公民的参照依据，尤其是对于狭义的领事保护而言，更是如此。

《维也纳领事关系公约》规定了领事职务的行使必须"于国际法许可之限度内"。[①] 实际上，除了国籍国要清楚这一保护的限度外，所在国也应明白。这一限度就涉及外国人待遇的标准问题，尤其是在人身和财产安全方面。[②]

当一个外国人进入其他国家时，他就立即处于所在国的属地管辖权之下，因此，该国可以把它的法律适用于在其领土内的外国人。外国人必须遵守所在国的法律，但其基本权利也应得到所在国的保护。

外国人待遇制度规定了外国人权利的基本内容，因此也就构成了外国人权利受到侵害、寻求法律救济时最根本的依据。总的来看，国际法对于国家给予外国人何种待遇，并无统一的规定，而是由国家自行决定，或是国家之间通过双边条约作出规定。每个国家都可以根据本国的具体情况，在不违背国际习惯法和国际条约规定的情况下，规定外国人入境、出境和居留的管理办法，以及外国人在居留期间的具体权利和义务等。

外国人待遇制度的对象更主要涉及那些在所在国居留的外国侨民和开展业务活动的法人。这些外国人虽然也与在所在国短期停留的外国人一样，须要服从所在国的法律，但他们要比在所在国临时逗留或

---

① 《维也纳领事关系公约》，http://capetown.china-consulate.org/chn/lsbh/xgfg/t213674.htm。

② 丘日庆主编：《领事法论》，上海：上海社会科学院出版社，1996 年版，第41—42 页。

旅游的外国人享有更广泛的权利和履行更多的义务。① 尽管如此，外国侨民与在所在国临时逗留或旅行的外国人在待遇的基本原则上仍是相同的。

在国际法理论和实践中，外国人所享有的待遇一般可以归纳为国民待遇、最惠国待遇、互惠待遇、差别待遇和国际标准待遇等。

国民待遇，也称"平等待遇"，是指国家在本国境内一定范围内给予外国人的待遇不低于给予本国公民的同等民事权利待遇。国民待遇通常是国家在互惠原则的基础上互相给予外国公民在某些领域与本国公民相同的法律地位，体现了国家之间的平等关系。国民待遇原则并不是凭空产生的，这一思想起源于在法国大革命期间颁布的《人权宣言》，即："人类生来是自由的，在权利上是平等的。"随着经济的发展以及外国人民事法律地位的变迁，到了资本主义时期，国民待遇原则出于国际贸易和通商的需要才被逐步确立。在全球化的今天，国民待遇原则已经成为国际经济交往的基本原则。这一原则被广泛运用于世界贸易领域。结合国际实践来看，国家给予外国人国民待遇，后者享有的权利一般限于民事权利和诉讼权利，而一般不能享有政治权利，或仅能享有较为有限的政治权利。

最惠国待遇，是指一国或地区给予另一国或地区及其公民或法人的待遇，不低于已经或将要给予任何第三国或地区及其公民或法人的待遇。联合国国际法委员会在《关于最惠国条款的条文草案》第5条中指出："最惠国待遇是授予国给予受惠国或与之有确定关系的人或事的待遇不低于授予国给予第三国或与之有同于上述关系的人或事的待遇。"②

互惠待遇，是指国家之间根据平等互利的原则，互相给予对方公民在入境签证、税收等方面对等的优惠待遇。

差别待遇，是指国家给予外国人不同于本国公民的待遇，或给予

---

① 《国际法律问题研究》编写组编著：《国际法律问题研究》，北京：中国政法大学出版社，1998年版，第222页。

② 王铁崖、田如萱：《国际法资料选编》，北京：法律出版社，1982年版，第762页。

不同国籍的外国人不同的待遇。

至于外国人待遇中的国际标准待遇是否应该存在或可能存在等问题，国际法学界一直有着分歧。关于国际标准待遇的争议，在当代较为集中地体现在国际人权领域。① 这将在下文中进行探讨。

上述外国人待遇的不同原则，既有人权思想的影响，也有国家利益和商贸关系的考虑。不管是哪种因素居于主导地位，外国人待遇原则都构成了一国保护其海外公民的基本依据。当今，根据国际社会的普遍实践和国际条约的相关规定，外国人待遇的原则一般依据国民待遇原则和最惠国待遇原则来确定。

（二）国际人权法

国际人权法所确立的涉及外国人权利与义务的标准，更具一般性和普适性，这也使得它更少政治性，凸显了人本性。

由国际人权法所确立的涉及外国人所享有的权利与应履行的义务标准，对于所在国而言，成为其对待外国人的参照标准；对于国籍国而言，成为其保护自己海外公民的推动力和参照依据。

外国人待遇进入国际法领域是 19 世纪以后的事情。由于关于外国人的待遇并没有统一的标准，因而在国际法的理论中，存在着国际标准主义和国内标准主义两种对立的主张。

国际标准主义，又称"国际最低标准主义"。这种理论主要是由英美等西方发达国家提出。该理论主张外国人待遇应达到"国际最低标准"或"文明国家的道德标准"。实际上，就是以欧美国家标准强制要求其他国家遵照执行。

国内标准主义，又称"国民待遇标准主义"。这种理论主要是由发展中国家尤以拉丁美洲国家为代表提出。19 世纪 60 年代，卡尔沃主义在拉丁美洲诞生。阿根廷著名的外交家和国际法学家卡洛斯·卡尔沃

---

① 曾令良、余敏友主编：《全球化时代的国际法：基础、结构与挑战》，武汉：武汉大学出版社，2005 年版，第 243 页。

为反对发达国家对外交保护权的滥用，在《国际法的理论与实践》一书中主张："现在美洲国家与欧洲国家一样都是自由独立的国家，其主权应受到相同的尊重，其国内法不允许受到来自外国的任何干涉。""在一国定居的外国人有权享有与所在国国民相同的保护，但不能要求享有更多的保护，外国人如受到侵害，不能向加害人所在国要求任何赔偿，应依靠加害人所在国来惩治加害人。""政府对外国人所负的责任，不应多于其对本国国民所负的责任。"① 他的这一主张为拉丁美洲国家和其他一些发展中国家所广泛接受，被称为"卡尔沃主义"。该理论主要是针对英美等发达国家的"自我标准论"，主张外国人与本国人享有平等待遇，所在国给予外国人的民事权利和法律保护，应以该国国民所享有的程度为参照标准。

上述两种标准之争，实际上反映了不同国家在对待外国人待遇方面的不同考虑：

一是西方发达国家的考虑。各国政治经济状况的不同，导致各国在人权状况方面也存在较大差异。西方国家的侨民在其他国家的基本权利难以得到保障。正如英国法学家迈克尔·阿库斯特所说，如果不确立"国际最低标准"，"它将意味着国家有权把外国人折磨至死，只要它也把自己国民折磨至死——这是常识和正义所不能接受的结论"。② 实际上，这种理论除了表明对人权的担忧之外，主要还是出于西方发达国家在海外权益上的考虑，即对海外投资等的保护。

二是发展中国家的考虑。外国人在所在国的待遇本应受到所在国国内法的限制。如果国际社会确立"国际最低标准"，则容易导致对属地国主权的侵犯和内政的干涉。③ 国民待遇标准主义尤其是卡尔沃主义

---

① Donald R. Shea, *The Calvo Clause: A Problem of Inter-American and International Law and Diplomacy*, Minneapolis: University of Minnesota Press, 1955, pp. 17-19.
② 迈克尔·阿库斯特著，汪暄等译：《现代国际法概论》，北京：中国社会科学出版社，1981年版，第104页。
③ 万霞：《海外中国公民安全问题与国籍国的保护》，载《外交评论（外交学院学报）》，2006年第6期，第102页。

的提出，主要针对大国以所谓的"国际标准"之名行干涉主权之实。所以，卡尔沃主义的提出主要是出于主权的考虑，"从这个初衷考虑应予支持，但也应防止把事情推向极端，否定国际义务或否定别国的合法权利"。① 因此，主权绝对化是不利于促进和维护人权的。

国际最低标准主义仅仅是西方国家所推崇的标准，而不是现代国际法所规定的一般或普适标准。在历史上，它曾经成为欧美列强进行殖民输出以及对弱小国家进行干涉的借口，引起了许多发展中国家的反对。但是，欧美国家之间的关系并不适用"国际最低标准"。此外，传统的领事保护和外交保护在保护效果上也往往受制于对等权力的限制。这就使得西方发达国家的"国际最低标准"仅仅只是对他们有利而已。

二战以后，国际人权法逐步发展成为国际法的一个新部门。《联合国宪章》首先肯定了人权的普遍性，如其序言中强调："重申基本人权、人格尊严与价值，以及男女与大小各国平等权利之信念。"第 1 条规定："促成国际合作，以解决国际属于经济、社会、文化及人类福利性质之国际问题，且不分种族、性别、语言或宗教，增进并激励对于全体人类之人权及基本自由之尊重。"第 55 条规定："全体人类之人权及基本自由之普遍尊重与遵守，不分种族、性别、语言或宗教。"② 由此可见，人权问题被纳入国际法的范畴，成为国际法的一项原则。

于 1948 年颁布的《世界人权宣言》、于 1966 年颁布的《经济、社会及文化权利国际公约》和《公民权利和政治权利国际公约》及其《任择议定书》被称为"国际人权宪章"，同样也肯定了人权的普遍性。

《世界人权宣言》第 1 条规定："人人生而自由，在尊严和权利上一律平等。他们富有理性和良心，并应以兄弟关系的精神相对待。"第 2 条规定："人人有资格享受本宣言所载的一切权利和自由，不分种

---

① 《国际法律问题研究》编写组编著：《国际法律问题研究》，北京：中国政法大学出版社，1998 年版，第 231 页。

② 《联合国宪章》，http://www.un.org/chinese/aboutun/charter/preamble.htm。

族、肤色、性别、语言、宗教、政治或其他见解、国籍或社会出身、财产、出生或其他身份等。并且不得因一人所属的国家或领土的、政治的、行政的或者国际的地位之不同而有所区别，无论该领土是独立领土、托管领土、非自治领土或者处于其他任何主权受限制的情况之下。"① 这一关于人权的专门性国际宣言使得人权问题真正进入国际法领域，受到世界各国的普遍关注。

《经济、社会及文化权利国际公约》第 2 条规定："本公约缔约各国承担保证，本公约所宣布的权利应予普遍行使，而不得有例如种族、肤色、性别、语言、宗教、政治或其他见解、国籍或社会出身、财产、出生或其他身份等任何区分。"②

《公民权利和政治权利国际公约》第 1 条规定："本公约每一缔约国承担尊重和保证在其领土内和受其管辖的一切个人享有本公约所承认的权利，不分种族、肤色、性别、语言、宗教、政治或其他见解、国籍或社会出身、财产、出生或其他身份等。"③

由此看来，国际人权法对人权的理解和规定是建立在普适性人权观的基础之上的。因此，外国人与本国人一样，也都被包容在适用主体范畴之中。国际人权法融入国际法律体系，使得外国人待遇标准能够脱离各国实力和利益的影响，从而更具一般性和普适性。

阿·菲德罗斯在其《国际法》中也指出："所有以一般国际法为基础的外国人的权利根源于这个理念——各国相互间负有义务尊重外国人的尊严。所以，它们有义务给予外国人以人的尊严生活所不可缺少的那些权利。"

正因为如此，"对外国人法律地位制度确定的基本价值根据，仍是国际人权保护中的正义标准"。④ 那么，这种正义标准究竟该如何统一？

---

① 《世界人权宣言》,http://www.un.org/chinese/hr/issue/udhr.htm。
② 《经济、社会及文化权利国际公约》,http://www.un.org/chinese/hr/issue/esc.htm。
③ 《公民权利和政治权利国际公约》,http://www.un.org/chinese/hr/issue/ccpr.htm。
④ 王利民:《外国人法律地位制度的法理思考》,载《大连理工大学学报》(社会科学版),2006 年第 1 期,第 92 页。

为了更好地将国际文书中规定的人权和基本自由的保护应用于非居住国公民，1985 年 12 月 13 日，联合国大会通过了《非居住国公民个人人权宣言》，这个宣言共 10 条，对外国人所应享有的权利和义务作出了较为具体而详细的规定，例如：生命和人身安全的权利，隐私权，（在法院、法庭和所有其他司法机关和政府前的）平等待遇权，婚姻权，思想自由权，宗教自由权，保持语言、文化和传统的权利，财产权，选择居所权，出境权，言论自由权，和平集会权，以及与本国使领馆自由联系权，等等，同时还对国家的义务进行了规定。① 因此，这一宣言成为国际人权领域中保护外国人权利的集大成者。② 所以，《非居住国公民个人人权宣言》既可成为所在国如何对待外国人的基本参照标准，也可成为国籍国进行领事保护和撤侨的基本依据。

二战中德国、意大利、日本等法西斯政权对人权的残酷践踏，使人们意识到仅仅依靠国内法保护人权是不够的，因为制定法律的政权掌握着唯一合法的暴力工具，其本身就可能成为侵犯人权的主体。因此，倡导人道主义、提升人权意识、主张国际人权保护，成为战后国际社会的共识。

作为国际法的特殊分支——国际人权法的主要目的在于保护和实现个人权利而非国家利益，其关涉的是国家管辖下的一切人，既包括本国人，也包括外国人。其中主要的仍是国家与其本国公民的关系。因此，它尤为需要建立完备的国内人权法并让之切实发挥作用。③

随着国际人权法的发展，反映人权保护状况的四个一般原则也获得了较为广泛的认可。"第一，一个国家以内的人权做法，如果情况严重或由于其他原因以致引起其他国家的正当关注的，就不再必然仅仅是该国自己的内部事务了；第二，一个国家尊重人权的义务在正常情

---

① 《非居住国公民个人人权宣言》，https://www.un.org/zh/documents/treaty/files/A-RES-40-144.shtml。

② 杨培栋：《外交保护制度研究——以联合国〈外交保护条款草案〉为线索》，外交学院硕士学位论文，2007 年 6 月，第 39 页。

③ 李步云主编：《人权法》，北京：高等教育出版社，2005 年版，第 116 页。

况下适用于对外国人的待遇，也适用于对本国国民的待遇；第三，现在，许多人权的义务是作为习惯国际法适用的，虽然对于哪些义务现在具有这种地位仍然存在着争议；第四，人权义务可以列在国家对任何人所负的义务中。"① 由上述内容来看，规定一个国家如何对待本国公民以及领土内外国人的国际人权法内容也在逐步发展。因此，维护海外公民的权益不仅是国家的一项权利，更是一种义务，这就对主权国家提出了更高的要求和标准。②

一方面，国际人权法为国家保障和促进人权设定了义务，促进了一国国内人权的发展，进而综合推动了领事保护的发展。另一方面，国际人权法还直接影响了国际领事法的发展，促进了国际领事法的人本化。我们可以看到，与领事保护有关的国际条约和宣言主要包括《维也纳领事关系公约》《维也纳外交关系公约》《公民权利和政治权利国际公约》《禁止酷刑及其他残忍、不人道或有辱人格的待遇或处罚公约》《消除一切形式种族歧视公约》《经济、社会及文化权利国际公约》《关于保护移民劳工及其家庭成员权利的国际公约》《非居住国公民个人人权宣言》等。其中，大部分都属于国际人权公约，这些与领事保护相关的国际人权法既为一国的领事保护设定了义务，同时也提供了权利，进而横向促进了一国领事保护的发展。

第二节　海外中国公民权益维护的法制机制

海外权益是在主权管辖范围之外存在的利益，它是国家利益在主体（包含政府和社会）和领域（从国内到国外）上的一种延展。结合国家利益来看，按照利益结构，海外权益可以分为海外安全权益、海

---

① 曾令良主编：《21世纪初的国际法与中国》，武汉：武汉大学出版社，2005年版，第16页。
② 王秀梅、张超汉：《国际法人本化趋向下海外中国公民保护的性质演进及进路选择》，载《时代法学》，2010年第2期，第89页。

外政治权益、海外经济权益和海外文化权益；按照主体结构，可以分为国家安全权益、海外公民权益、海外商业权益和国际认同权益。①

一、海外中国公民领事保护的法制机制

（一）海外中国公民领事保护的合法原则

领事保护应遵循的基本原则有哪些？一般而言，可以将这些基本原则概括为四个方面，有些研究者认为这四个方面是国籍原则、依法原则、同意原则和有限原则。② 有些则认为是国籍原则、合法原则、有限原则以及有理、有利和有节原则。③ 不论这些观点之间的分歧如何，但概括起来，这些原则中最为关键和基础的应是合法（依法）原则。

（二）海外中国公民领事保护的国籍原则

"在领事参与保护或协助之前，他应当确认寻求帮助的人是其国民。"④ 这就强调了领事保护中的国籍原则。然而，国籍原则对于海外撤侨而言，已经不是一个重要原则，现实实践中早就有较大的突破，如 2006 年所罗门撤侨（其中 20 多名中国公民乘澳大利亚和新西兰飞机撤离所罗门）、2011 年利比亚撤侨（中国协助撤出来自希腊和意大利等 12 个国家约 2100 名外国公民）和 2015 年也门撤侨（中国协助撤出来自 15 个国家的 279 名外国公民）。基于合法原则，同意原则和有限原则大都可以由此衍生出来。同意原则是指对派遣国国民的领事保护，"应当征得该国民同意，包括明示同意和默示同意"。⑤ 有限原则是指领事保护不是无所不能的，是有一定限度的，有些事项是可为的，

---

① 宋云霞、王全达：《军队维护国家海外利益法律保障研究》，北京：海洋出版社，2014 年版，第 8 页。

② 郭志强：《领事协助法律制度研究》，外交学院博士学位论文，2013 年 6 月，第 56 页。

③ 《中国领事工作》编写组编：《中国领事工作》（下册），北京：世界知识出版社，2014 年版，第 578 页。

④ Ivor Roberts, *Satow's Diplomatic Practice*, New York : Oxford University Press, 2009, p. 263.

⑤ 郭志强：《领事协助法律制度研究》，外交学院博士学位论文，2013 年 6 月，第 33 页。

有些事项是不可为的。

（三）海外中国公民领事保护的三维路径

对于领事保护而言，一方面，领事职务由国际习惯、国际惯例和国际条约界定；另一方面，领事职务也由派遣国法律决定。总体而言，当代国际法并没有穷尽领事职务的全部内容。[①] 实际上，领事保护还要受到侨民所住国法律的约束。《中国领事保护和协助指南》（2015 年）对于领事保护的法律依据就指出，"主要包括公认的国际法原则、有关国际公约、双边条约或协定以及中国和驻在国的有关法律法规"。[②] 由此可见，海外中国公民领事保护主要涉及国际法保护、国籍国法保护和居住国法保护这三维路径。

对于海外中国公民权益的国际人权机制保护，联合国人权保护机制、欧洲人权保护机制、美洲人权保护机制以及非洲人权保护机制等都可为海外中国公民权益的维护提供救济途径。我们应该既要认识到国际人权保护机制存在的缺陷，也要看到其保护海外公民权益的独特优势，[③] 充分利用这一机制来保护海外中国公民的权益。

对于海外中国公民权益的领事保护必须遵守接受国的有关法律规定，这是因为领事的权力是有限度的，领事决不可热衷于保护而违反接受国法律或干涉接受国的内政。[④] 德国在《领事官员、领事职务与权限法》中就规定："领事官员应当在领区适用的相关法律规定的限度内行使官方职责，特别地，他们应当遵守《维也纳领事关系公约》以及

[①] Mark A. Sammut, *The Law of Consular Relations: An Overview*, St Albans: XPL Law, 2011, p. 48.

[②] 《中国领事保护和协助指南》（2015 年），https://www. fm prc. gov. cn/web/ziliao_674904/lszs_674973/t1383302. shtml。

[③] 包运成：《海外公民权益的国际人权机制保护》，载《社会科学家》，2014 年第 6 期，第 116 页。

[④] 戈尔·布思主编，杨立义等译：《萨道义外交实践指南》，上海：上海译文出版社，1984 年版，第 314 页。

在德国和接受国之间有约束力的其他条约。"①

二、中国海外撤侨的法制机制

海外公民权益是国家海外权益的组成部分。结合当今世界各国的发展经验来看，国家保护个体公民的安全，尤其是海外公民的安全，在一定程度要比保卫整体国家的安全更为复杂，甚至更为困难。②

海外公民权益关系到海外公民的人身安全、财产安全、合法居留权、合法就业权、应享有的社会福利、人格尊严权、人道主义待遇，以及当事人与本国驻当地使领馆保持正常联系的权利等。海外撤侨则成为海外公民权益维护的一种重要手段和方式。

对于海外撤侨而言，其依据的法律规则主要包括国际法和国内法的相关规定。海外撤侨是指一国政府将处于危机之中的海外本国公民集体撤离到本国行政区域或周边安全地带的外交行为。由于一方面要撤离驻在国，另一方面很多撤离都是在驻在国发生社会骚乱或动荡的情况下进行的，因此，基于属地优先权衍生的"遵守驻在国的有关法律规定"对于海外撤侨的意义受到一定程度的影响。

（一）国际法依据

海外撤侨是领事保护的重要形式。《维也纳外交关系公约》和《维也纳领事关系公约》专门规定，在所在国维护国籍国国民权益属于一国使馆和领事馆的重要职责。

《维也纳外交关系公约》中涉及海外撤侨法律依据的条款，如第3条第1款（b）规定："于国际法许可之限度内，在接受国中保护派遣

---

① 《领事官员、领事职务和权限法》，http://www. auswaertiges - amt. de/cae/servlet/contentblob/483888/publication File/5264/Konsulargesetz. pdf.
② 刘静：《中国海外利益保护：海外风险类别与保护手段》，北京：中国社会科学出版社，2016 年版，第 31 页。

国及其国民之利益。"①《维也纳外交关系公约》第46条还有对代表第三国进行保护的规定："派遣国经接受国事先同意，得应未在接受国内派有代表之第三国之请求，负责暂时保护该第三国及其国民之利益。"② 该条款的内容明确了在国际法许可的限度内，国籍国政府既可以对本国公民采取保护和撤侨行动，而且还可以在第三国（未在所在国内派有代表，即未建立外交或领事关系）请求时，经所在国同意，对第三国公民进行保护。因此，国籍原则并不影响海外撤侨。

《维也纳领事关系公约》中涉及海外撤侨法律依据的条款，如第5条关于领事职务的规定："（一）于国际法许可之限度内，在接受国内保护派遣国及其国民——个人与法人——之利益"，"（五）帮助及协助派遣国国民——个人与法人"。③ 依据这一规定，在海外中国公民的人身安全受到严重威胁时，可在国际法允许、所在国（如果撤侨过程中有途经国的话，还包括途径国）允许的范围和前提下，采取必要的措施，进行海外撤侨行动。与外交保护不同，实际损害的发生并不构成海外撤侨的前提。在实际损害发生之前，海外撤侨就可进行。

此外，中国与其他国家签订的双边领事条约或协定，也为中国的领事保护以及海外撤侨提供了法律依据。但这些条约或协定的内容大多是对《维也纳领事关系公约》的具体化或补充，其中对海外撤侨的内容尚无明确和细化的规定。尽管海外撤侨包含于领事保护之中，但是海外撤侨与其他的领事保护方式仍然存在着一定的差异，海外撤侨行动具有紧迫性和不确定性。如果双边或多边领事条约或协定能对海外撤侨进行更为明确和细致的规范，那就能为海外撤侨中的双边或多边协调与合作提供更多的保障。

---

① 《维也纳外交关系公约》，https://www.un.org/chinese/law/ilc/foreign_relations_print.htm。

② 同①。

③ 《维也纳领事关系公约》，http://capetown.china-consulate.org/chn/lsbh/xgfg/t213674.htm。

（二）国内法依据

海外撤侨的国内法依据包括《中华人民共和国宪法》《中华人民共和国国籍法》《中华人民共和国出境入境管理法》《中华人民共和国国家安全法》，以及自 2023 年 9 月 1 日起施行的《中华人民共和国领事保护与协助条例》等。

《中华人民共和国宪法》第 33 条规定："国家尊重和保障人权。"[①] 第 50 条规定："中华人民共和国保护华侨的正当的权利和利益。"[②] 宪法是中国的根本大法，其中对于保障人权、保护华侨正当权益的规定，是中国进行领事保护以及海外撤侨的根本依据。海外侨胞和海外中国公民在国外的人权是其人权的一个重要组成部分。保护其根本权益彰显了中国政府对宪法的尊重和对人权的重视。此外，《中华人民共和国宪法》第 29 条规定："中华人民共和国的武装力量属于人民。它的任务是巩固国防，抵抗侵略，保卫祖国，保卫人民的和平劳动，参加国家建设事业，努力为人民服务。"[③] 这一条款的规定就为中国武装力量参与海外撤侨提供了合法依据。

《中华人民共和国国籍法》第 3 条规定："中华人民共和国不承认中国公民具有双重国籍。"[④] 因此，中国公民有且只能持有中国一国的国籍。具有中国国籍的公民和华侨，无论是身处中国领域之内，还是居留于中国领域之外，都享有中国宪法所规定的权利，其合法权益都要受到中国法律的保护。

《中华人民共和国出境入境管理法》第 3 条规定："国家保护中国

[①] 《中华人民共和国宪法》，http://www.gov.cn/guoqing/2018－03/22/content_5276318.htm。

[②] 同[①]。

[③] 同[①]。

[④] 《中华人民共和国国籍法》，http://www.mps.gov.cn/n2254996/n2254998/c5713964/content.html。

公民出境入境合法权益。"①

《中华人民共和国国家安全法》第33条规定："国家依法采取必要措施，保护海外中国公民、组织和机构的安全和正当权益，保护国家的海外利益不受威胁和侵害。"② 这里的"必要措施"就把海外撤侨包括在内。

《中华人民共和国领事保护与协助条例》第15条规定："驻在国发生战争、武装冲突、暴乱、严重自然灾害、重大事故灾难、重大传染病疫情、恐怖袭击等重大突发事件，在国外的中国公民、法人、非法人组织因人身财产安全受到威胁需要帮助的，驻外外交机构应当及时核实情况，敦促驻在国采取有效措施保护中国公民、法人、非法人组织的人身财产安全，并根据相关情形提供协助。确有必要且条件具备的，外交部和驻外外交机构应当联系、协调驻在国及国内有关方面为在国外的中国公民、法人、非法人组织提供有关协助，有关部门和地方人民政府应当积极履行相应职责。"③ 这里的"提供有关协助"也包含必要情况下的海外撤侨。

三、海外中国公民人身和财产安全维护的政策依据

(一) 理念依据

近年来，国际法逐渐呈现出人本化的趋势。国际法的人本化是指国际法的理念、价值、原则、规则、规章和制度越来越注重单个人和整个人类的法律地位、各种权利和利益的确立、维护和实现。④ 国际法

---

① 《中华人民共和国出境入境管理法》，http://www.mps.gov.cn/n2254996/n2254998/c3912522/content.html。

② 《中华人民共和国国家安全法》，http://fgk.mof.gov.cn/law/getOneLawInfoAction.do?law_id=84761。

③ 《中华人民共和国国务院令第763号》，https://www.gov.cn/zhengce/content/202307/content_6891760.htm。

④ 曾令良：《现代国际法的人本化发展趋势》，载《中国社会科学》，2007年第1期，第89页。

趋向人本化，就表明国际法向着以人为本、以人的权益为中心的方向
发展。国际法人本化的趋势为海外公民的权益维护提供了依据，使得
领事保护机构在行使领事保护、维护海外公民权益的时候，更为注重
以人为本；在保护国家整体利益的同时，也注重保护本国公民和海外
公民切身的权益。保护海外公民的人身和财产安全以及应有的权益变
得越来越重要。在这样的大趋势下，领事保护更加人本化，领事保护
机构的任务更加繁重。

　　中国作为一个负责任的大国，保护海外中国公民人身和财产安全
以及应有的权益是责无旁贷的。在出境公民人数持续增长、海外安全
形势日益复杂的情况下，中国既有权利又有义务去保护海外中国公民
的合法权益。

　　国际法的人本化是推进领事保护人本化的依据，将人本化运用到
外交层面，就涉及以人为本的外交理念。立党为公、执政为民，是中
国共产党和政府开展各项工作的指导思想。早在 2003 年，以人为本的
理念就被提出。2003 年 10 月，中共十六届三中全会提出了科学发展
观，其核心就是以人为本。这是对以往中国发展经验的总结，也是今
后外交的指导思想。中国党和政府执政理念在外交层面也发生转变，
从外交为国到外交为民，从将维护国家利益放在首位到共同维护国家与
个人的利益，将以人为本贯穿到外交领域的方方面面。这不仅仅只是单纯
地要求在外交工作中维护中国公民的合法权益，更从中国外交"为了谁、
依靠谁"的哲学高度深入思考，使以人为本成为中国外交的新标志。

　　以人为本的外交理念影响着中国海外领事保护，随着中国与外部
世界持续的相互关联，经济交往与文化交流都更加深入，出境中国公
民的个人权益与国家利益紧密相连，已然构成了国家利益的重要部分。
以人为本的指导思想转变了固有的外交传统，中国海外领事保护转而
将重心放在维护海外中国公民的权益上，实则也是对国家利益的保护。
中国政府在维护海外公民和法人合法权益、推动外交政策透明与开放
等方面进行了大量的政策实践，使中国外交真正做到既为了人民，也

依靠人民。

进入新时代以来，党中央和国务院高度重视海外中国公民权益的维护与海外民生工程建设，领事保护工作是其中重要一环。2014年4月，习近平总书记在中央国家安全委员会第一次会议上首次提出总体国家安全观，并强调其内涵要"以人民安全为宗旨"。[①] 2014年11月，在中央外事工作会议上，习近平总书记进一步要求"要切实维护我国海外利益，不断提高保障能力和水平，加强保护力度"。[②] 2016年8月，在推进"一带一路"建设工作座谈会上，习近平总书记指出，要"切实推进安全保障"，"建立健全工作机制"，"确保有关部署和举措落实到每个部门、每个项目执行单位和企业"。[③] 2018年8月，在推进"一带一路"建设工作五周年座谈会上，习近平总书记再次强调，"要高度重视境外风险防范，完善安全风险防范体系，全面提高境外安全保障和应对风险能力"。[④] 近年来，习近平总书记多次强调，要加快构建海外安全保护体系，保障我国在海外的人员、机构安全和合法权益。在中共二十大报告中也指出，要加强海外安全保障能力建设，维护我国公民、法人在海外的合法权益。[⑤]

每年的政府工作报告也都有关于海外中国公民权益维护的重要论述，如表4-1所示。

[①] 《中央国家安全委员会第一次会议召开 习近平发表重要讲话》，http://www.gov.cn/xinwen/2014-04/15/content_2659641.htm。

[②] 孟辽阔、郭丹:《习近平国际战略思想初探》，载《安徽师范大学学报》，2016年第1期，第59页;《习近平出席中央外事工作会议并发表重要讲话》，http://news.xinhuanet.com/politics/2014-11/29/c_1113457723.htm。

[③] 《习近平在推进"一带一路"建设工作座谈会上发表重要讲话 张高丽主持》，http://www.gov.cn/guowuyuan/2016-08/17/content_5100177.htm。

[④] 《习近平出席推进"一带一路"建设工作5周年座谈会并发表重要讲话》，http://www.gov.cn/xinwen/2018-08/27/content_5316913.htm。

[⑤] 《国务院政策例行吹风会文字实录》，https://www.gov.cn/zccfh/2023zccfh/20230714/wzsl/。

表 4-1　政府工作报告有关侨胞和海外中国公民权益维护论述
（1978—2024 年）

	关于侨胞和海外中国公民权益维护论述
1978 年	我们要继续认真执行国家的政策，从政治上、工作上、生活上关怀归国侨胞和侨眷，并且给予适当照顾；华侨和中国血统的外国人回到故乡探亲访友，要为他们提供方便条件
1986 年	我国第七个五年计划体现着包括港澳同胞、台湾同胞、海外侨胞在内的全国各族人民的根本利益
1988 年	我们一贯重视和保护海外华侨的正当权益，保护归侨和侨眷的合法权益
1990 年	我们将继续贯彻执行既定的侨务政策
1997 年	做好侨务工作
1999 年	进一步做好侨务工作
2000 年	做好新形势下的侨务工作
2001 年	认真贯彻党的侨务政策
2002 年	认真贯彻侨务政策，做好侨务工作
2003 年	侨务政策继续落实，侨务工作不断加强
2004 年	进一步做好海外侨胞和归侨、侨眷的工作
2005 年	积极维护我国公民在海外的生命安全和合法权益
2006 年	保护我国公民和法人在海外的合法权益
2007 年	维护我国公民和法人在海外的合法权益
2008 年	依法保护海外侨胞和归侨侨眷的合法权益；维护我国公民和法人在海外的合法权益
2009 年	有效维护我国公民和法人在海外的合法权益
2010 年	维护海外侨胞、归侨侨眷的合法权益；有效维护我国公民和法人在海外的合法权益
2011 年	继续加强侨务工作，保护侨胞的正当权益
2012 年	全面贯彻党的侨务政策，维护海外侨胞和归侨侨眷合法权益

关于侨胞和海外中国公民权益维护论述	
2013 年	认真贯彻侨务政策，依法保护海外侨胞和归侨侨眷的合法权益
2014 年	认真贯彻侨务政策，依法保护海外侨胞和归侨侨眷的合法权益
2015 年	健全领事保护服务，注重风险防范，提高海外权益保障能力
2016 年	加快海外利益保护能力建设，切实保护我国公民和法人安全
2017 年	加快完善海外权益保护机制和能力建设
2018 年	加强和完善海外利益安全保障体系
2019 年	保障海外侨胞和归侨侨眷合法权益
2020 年	海外侨胞是祖国的牵挂
2021 年	维护海外侨胞和归侨侨眷合法权益
2022 年	维护海外侨胞和归侨侨眷合法权益
2023 年	持续做好侨务工作
2024 年	维护海外侨胞和归侨侨眷合法权益

资料来源：中国政府网。

结合上述政府工作报告来看，1978 年和 1986 年，中国政府工作报告中主要重视处理国内侨务。1986 年之后，中国政府的侨务工作更为重视国外侨务。2005 年，国外侨务进一步拓展，开始强调积极维护中国公民在海外的生命安全和合法权益。从 2015 年开始，健全领事保护服务、加快海外利益保护能力建设、切实维护海外中国公民安全成为这一时期的重要目标和任务。从概念使用来看，2016 年使用的是"海外利益"，2017 年使用的是"海外权益"，2018 年使用的又是"海外利益"，2019 年、2021 年、2022 年、2024 年又使用"合法权益"。

（二）政策文件依据

为了完善海外安全保护体系，指导海外中国公民和企业加强境外安全风险防范，国家已发布多个政策文件，这些文件成为海外中国公民和企业安全保护的主要制度保障。概括起来，这些文件包括：《中国领事保护和（与）协助指南》（2000 年、2003 年、2007 年、2010 年、2015 年、2018 年、2023 年）①、《国家涉外突发事件应急预案》（2005年）、《关于加强境外中资企业机构与人员安全保护工作意见》（2005年）、《防范和处置境外劳务事件的规定》（2009 年）、《境外中资企业机构和人员安全管理规定》（2010 年）、《中国企业海外安全风险防范指南》（2011 年）、《境外中资企业机构和人员安全管理指南》（2012年、2017 年、2023 年）和《对外投资合作境外安全事件应急响应和处置规定》（2013 年）等。

2009 年 6 月，商务部和外交部共同制定了《防范和处置境外劳务事件的规定》，主要内容包括八条规定，其中除了明确因劳资纠纷、经济纠纷和合同纠纷等原因引发的境外劳工权益维护案件属于境外劳务事件之外，还明确了因战争、恐怖袭击和社会治安等原因引发的境外劳工权益维护案件也属于境外劳务事件。②

2010 年 8 月，商务部会同外交部、发展改革委、公安部、国资委、安全监管总局和全国工商联等七部委联合发布《境外中资企业机构和人员安全管理规定》，共七章 30 条，内容主要涉及境外安全教育和培训、境外安全风险防范、境外安全突发事件应急处置、高风险国家和地区的管理和安全责任等。③

2023 年 9 月，外交部领事保护中心更新发布《中国领事保护与协助指南》，其内容共分为三部分：第一部分是"领事保护与协助"，包括五个方面；第二部分是"海外出行建议"，包括 12 个方面；第三部

① 最早版本应为中国外交部领事司 1994 年编写，仅供中国驻外使领馆内部使用，并未公开。参见黎海波：《海外中国公民领事保护问题研究（1978—2011）》，广州：暨南大学出版社，2012 年版，第 69 页。
② 《防范和处置境外劳务事件的规定》，http://www.gov.cn/gongbao/content/2010/content_1528913.htm。
③ 《商务部等 7 部委联合发布关于印发〈境外中资企业机构和人员安全管理规定〉的通知》，http://www.mofcom.gov.cn/aarticle/b/bf/201008/20100807087099.html。

分是"海外安全风险自我防范",包括"海外安全风险防范"和"海外安全风险应对"两大方面。在第一部分中规定:"如所在国发生战争、武装冲突、暴乱、严重自然灾害、重大事故灾难、严重传染病疫情、恐怖袭击等重大突发事件,致使您的人身和财产安全受到威胁,领事官员可以敦促所在国采取措施保护您的人身和财产安全,并根据实际情况联系、协调有关组织或机构为您提供救助。"①

2023 年 11 月,商务部合作司与中国对外承包工程商会共同发布了第三版《境外中资企业机构和人员安全管理指南》。作为中国首个针对"走出去"企业境外安全风险管理工作的指导性文件,《境外中资企业机构和人员安全管理指南》首版发布于 2012 年,全面梳理了境外中资企业和人员面临的各类风险,系统总结了风险管理的相关原则,从风险识别、评估预警、安全管控、应急处置等维度,为开展跨境投资业务的中国企业提供了务实有效的参考借鉴。第三版新增并细化了部分章节。总论部分,一是增加了习近平总书记关于维护海外利益安全的重要论述,二是体现了党中央对境外安全工作的最新要求。在实践操作层面,一是新增"社区风险管控"章节,二是新增"保险保障"章节,三是细化完善"出行安全"章节。②

第三节　完善海外中国公民权益维护法制机制的对策建议

为适应中国公民和法人"走出去"的新形势,落实党中央有关完善涉外法律法规体系的要求,现就完善海外中国公民权益维护法制机制提出以下对策建议。

---

① 中华人民共和国外交部领事保护中心编:《中国领事保护与协助指南》,北京:世界知识出版社,2023 年版,第 5 页。
② 《第三版〈境外中资企业机构和人员安全管理指南〉发布》,http://m. mofcom. gov. cn/article/zwjg/zwsq/zwsqmd/202311/20231103455982. shtml。

一、完善专门的领事保护立法

目前，中国涉及领事保护的法律法规，从一般性法律法规而言，主要散见于《中华人民共和国宪法》《中华人民共和国国籍法》《中华人民共和国出境入境管理法》《中华人民共和国国家安全法》等；从专门性法律法规而言，主要有《中华人民共和国领事保护与协助条例》《境外中资企业机构和人员安全管理规定》《对外投资合作境外安全事件应急响应和处置规定》《中华人民共和国驻外外交人员法》《中华人民共和国领事特权与豁免条例》等。

从一般性法规而言，"保护华侨的正当的权利和利益"虽然被写入国家宪法之中，但是由于宪法作为国家的根本大法，只对国家制度作出原则性和根本性规定，因而并不涉及领事保护的具体细则。从专门性法规而言，1990 年通过的《中华人民共和国领事特权与豁免条例》，其目的是"确定外国驻中国领馆和领馆成员的领事特权与豁免，便于外国驻中国领馆在领区内代表其国家有效地执行职务"，① 也未涉及具体的领事保护细则。

中国当前领事保护工作的开展主要是以不同版本的《中国领事保护和（与）协助指南》作为指导性规范。2023 年 11 月，结合海外安全形势变化，外交部领事保护中心发布新版《中国领事保护与协助指南》，包括"领事保护与协助"、"海外出行建议"和"海外安全风险自我防范"三部分内容，系统介绍领事保护与协助工作职责范围、海外出行实用建议、当前海外各类安全风险及防范应对办法等。

各方共同推动多年的《中华人民共和国领事保护与协助条例》于 2023 年 6 月 29 日在国务院第九次常务会议上通过，于 2023 年 9 月 1 日起施行。该条例明确了领事保护与协助各参与方的职责分工及在国外中国公民、法人、非法人组织寻求领事保护与协助时的权利与义务，

---

① 《中华人民共和国领事特权与豁免条例》，https://www.fmprc.gov.cn/web/ziliao_674904/tytj_674911/tyfg_674913/t4853.shtml。

对预防性领事保护及为领事保护与协助工作提供保障等作出了相应的规定，"内容丰富，亮点颇多"。①

鉴于条例效力低于全国人大及其常委会制定的法律，且原则性内容多，具体细节还需要进一步的明确。

二、推动领事保护中代理合作的发展

代理领事保护是指在国际法许可的限度内，居于某接受国的外国人可以请求和接受派遣国之外的其他国家的领事保护与协助。合作领事保护是指在国际法许可的限度内，两国及以上国家之间或国际组织可以共同对其成员国国民进行领事保护和协助。

对于领事职务，尤其是关于领事保护与协助的问题，《维也纳领事关系公约》中第 5 条中有如下两项基本规定："（1）于国际法许可之限度内，在接受国内保护派遣国及其国民——个人与法人——之利益"，"（5）帮助及协助派遣国国民——个人与法人"。②

由此可以看出：其一，领事的主要职能在于保护和协助本国国民，而且更多的是代表在外本国国民的个人利益；其二，属人管辖权构成了领事保护的基础，所以国籍也就成为一国对其海外国民进行保护的判断标准。③ 但是《维也纳领事关系公约》中并没有绝对限定这一内容，而是留下了可供灵活变通的余地。

结合《维也纳领事关系公约》的具体内容来看，其中就有一些与此相关的规定：④

首先，第 6 条规定："在领馆辖区外执行领事职务，在特殊情形

---

① 《中华人民共和国领事保护与协助条例》，https://www.gov.cn/zhengce/content/202307/content_6891760.htm;《〈中华人民共和国领事保护与协助条例〉的意义和亮点》，https://www.moj.gov.cn/pub/sfbgw/zcjd/202307/t20230714_482645.html。

② 《维也纳领事关系公约》，http://www.gqb.gov.cn/node2/node3/node5/node9/node111/userobject7ai1419.html。

③ 黎海波：《海外中国公民领事保护问题研究（1978—2011）》，广州：暨南大学出版社，2012 年版，第 40 页。

④ 同①。

下，领事官员经接受国同意，得在其领馆辖区外执行职务。"这就使得领事官员执行领事职务的范围可以灵活调整。

其次，第 7 条规定："在第三国中执行领事职务，派遣国得于通知关系国家后，责成设于特定国家之领馆在另一国内执行领事职务，但以关系国家均不明示反对为限。"这不仅扩大了一国领区的范围，而且该范围可以被拓展到第三国。

最后，第 8 条规定："代表第三国执行领事职务，经适当通知接受国后，派遣国之一领馆得代表第三国在接受国内执行领事职务，但以接受国不表反对为限。"这就表明，在执行领事职务时，国家之间并不需要严格的对等，派遣国可以代表第三国在其接受国执行领事职务，而不需要以接受国的同等要求为相应条件。这也就为领事保护中国籍的突破奠定了基础。①

因此，领事关系的对等与互惠原则并不是非常严格的。在某些特殊情况下，两个或两个以上国家可以委任同一人担任领事官。即使在没有正式共同任命的条件下，领事仍然可以在某些情况下对第三国国民提供领事保护与协助。这些情况通常限于：其一，发生战争；其二，第三国与接受国之间外交关系断绝；其三，两国间的关系尚未达到交换外交和领事代表的程度。②

当两国未建交或断绝领事关系时，派遣国可以促使其海外国民接受国允许其委托第三国对派遣国国民进行领事保护或协助。其中关键的是要适当地通知接受国，取得它的同意，或者接受国没有明确表示反对也可。③ 实际上，对于广义的领事保护或协助，其限定条件就更为宽泛。④

① 黎海波：《海外中国公民领事保护问题研究（1978—2011）》，广州：暨南大学出版社，2012 年版，第 92—93 页。
② 李宗周著，梁宝山、黄屏、潘维煌等译：《领事法和领事实践》，北京：世界知识出版社，2012 年版，第 57 页。
③ 同②，第 58—59 页。
④ 黎海波：《巴西九人案与中国的领事保护》，载《理论月刊》，2017 年第 7 期，第 88 页。

二战以来，借助第三国进行代理或协助领事保护的情况已较为普遍。基于经费问题以及在世界各地建立有效外交和领事机构存在困难，许多国家通常都期待友好国家对其海外国民提供一定的领事保护与协助。[1]

因此，一方面，中国可以试行代理或协助领事保护，根据签订的双边或者多边条约，允许第三国协助中国，在必要的情况下为海外中国公民实施领事保护和协助；另一方面，中国也可借鉴欧盟做法，推动共同领事保护的发展，借助东盟地区论坛、上海合作组织等区域性组织等来解决一些非传统安全问题，从而更有效地维护海外中国公民的正当权益。

三、明确多位一体的领事保护责任分工和规范

随着海外中国公民领事保护任务的日益繁重，多位一体的领事保护联动机制成为目前中国领事保护的一大特点和优势。当前，中国的领事保护格局和体制逐步从政府单一主导发展为中央、地方、驻外使领馆和企业"四位一体"，再到中央、地方、驻外使领馆、企业和公民个人"五位一体"[2] 的大领事格局和综合保护体系。这种格局和体制未来还应进一步健全优化，将更多的部门、组织、企业和个人纳入体系，构建中央、地方、驻外使领馆、企业、媒体、（安保、救援、保险等）市场、社会组织与公民个人"八位一体"的大领事格局与综合保护体系。这种多元化趋势可以在一定程度上缓解中央政府单独承担领事保护的压力，不过也会带来权责不明、随意性强甚至相互冲突的弊端。因此，这也需要专门的法律法规来予以规范。

地方政府参与领事保护，契合了全球化背景下外交参与主体多元化的发展趋势，构成了中国领事保护的一大特色。作为领事保护应急

---

[1] 李宗周著，梁宝山等译：《领事法和领事实践》，北京：世界知识出版社，2012 年版，第58页。

[2] 中华人民共和国外交部政策规划司编：《中国外交：2013 年版》，北京：世界知识出版社，2013 年版，第60页。

处置的"大后方"和领事保护宣传教育的"主力军",地方政府的作用非常重要。而且,一些边疆民族地区的地方政府在处理领事保护案件中甚至具有中央政府所不具备的"地缘"和"族缘"等优势。然而,基于对外开放与区域经济发展的非均衡状况,在地方政府参与领事保护上,其区域仍主要集中于北京、广东和浙江等东部地区。尤其是针对地方政府实施领事保护标准不同的问题,中国应当对现有政策规定进行完善,以指导和规范地方政府的工作。

本章小结

在海外中国公民权益维护机制中,依法维护是一项重要原则。它不仅仅是依法治国理念的一种延展,也是保护海外中国公民合法权益的一种重要机制与手段。本章通过对国际法、国际人权理论以及国家海外权益等相关理论的梳理和分析,研究了中国在海外公民权益维护上所进行的法制建设。随着中国"走出去"以及共建"一带一路"的不断推进,海外中国公民权益维护工作也变得越来越复杂,这就愈发需要强有力的法律制度作为保障和支撑。中国政府为了更好地维护海外中国公民的权益,自2003年以来明显地加强了相关法律制度的建设。[1] 这既有利于海外公民权益维护母国法的建设与发展,也有利于在法制上加强海外公民权益维护领域的国际协调与合作。当然,面对新的形势和任务,我们需要制定和完善更加符合现实需求的法律法规和政策文件,尤其是有关海外公民权益维护体系的基本法律来应对各式各样的风险挑战,从而更好地维护海外中国公民的合法权益。

---

[1]　张历历:《当代中国外交简史》,上海:上海人民出版社,2015年版,第331页。

第五章 海外中国公民权益维护的私营安保机制

近年来，随着中国经济持续快速健康发展，中国公民的收入明显增加，走出国门看世界的人数越来越多，海外公民安全问题也日益突出。尤其是共建"一带一路"倡议相关政策的落地生根，国内企业面向海外市场实施的投资活动逐渐增加，资金规模不断扩大。对于企业而言，人员安全是运营的基础，只有人员安全才能够保证企业的正常运营，人员安全问题成为当前中国企业在海外进行投资的重要问题。目前，海外中国公民在维护自身权益的过程中，可以选择的安全产品比较少，而且大多数都是政府提供的，海外公民安全需求与供给之间结构失衡，传统的领事保护方式难以充分维护海外公民的整体安全和特殊需求。在安保市场的刚性需求持续增强的背景下，越来越多的私营安保公司开始涉足海外公民的安全保护业务。

第一节 国际私营安保市场现状及其治理架构

私营安保公司是独立运营、独立核算的，以目标保护为核心业务的专业化服务公司。这些公司的核心业务就是对保护对象的人身及财产安全实施专业保护，例如美国的戴恩公司、澳大利亚统一资源集团等国际知名私营安保公司。① 目前，私营安保公司在业务范围和客户范围方面都有了很大的发展，主权国家、国际组织、非政府组织当前都开始参与私营安保业务的采购和使用。

一、国际私营安保公司的兴起与现状

1960年，美国视卫公司就曾负责对沙特及也门皇室的安保服务，安保服务的效果也比较理想。冷战时期，在美苏争霸的背景下，人们大多对国家层面的对抗比较关注，对于私营安保公司鲜少予以关注。而在冷战结束、全球化进程加快的背景下，各国之间在军事领域的合作出现了更加明显的商业化倾向，很多国家的军事业务也都出现了私有化趋势，这导致很多地区出现了安全局势的剧烈动荡，全球私营安保市场空间持续扩大，很多业务主体都出现了私人安保需求。如同彼特·辛格所言："全新的世界性工业已然出现，即当下需求量日渐多样的安保市场，随着采购量的增加和私有程度的加深，该产业已经开始对国际政治格局及局部地区局势产生规则性影响。"② 纵观伊拉克、阿富汗、叙利亚、乌克兰以及北非、中亚等地爆发的局部战争，都可以在其中发现私营安保公司的身影。冷战后的格局变迁中，私营安保公司主动地进行业务的扩张，在多个环节和地区都发挥了重要的作用，对局部冲突形成了较为明显的影响，甚至在某些局部事件中还产生了决定性影响。表5-1为2020年私营安保公司全球十强业务及运营规模。

---

① Molly Dunigan, *Victory for Hire：Private Security Companies' Impact on Military Effecticeness*, California：Stanford University Press, 2011, p. 2.

② 彼特·辛格著, 刘波、张爱华译：《私营装备：军事业务私营模式发展》, 北京：人民教育出版社, 2013年版, 第23页。

表 5-1　2020 年私营安保公司全球十强业务及运营规模

公司排名	公司名称	成立时间	总部地址	主营业务	营业收入（亿美元）	人员规模（万人）
1	杰富仕公司①	2004 年	英国伦敦	私营安全保护、安全培训、战略安全解决方案、军事设施维护	97.6	66
2	塞科利达公司	1934 年	瑞典斯德哥尔摩	安全审计、安全咨询	92.3	30
3	联合环球安保公司②	2016 年	美国伯明翰	为境外公共部门提供安全保护	83	5.5
4	博思艾伦咨询公司	1914 年	美国弗吉尼亚	信息搜集及分析、海外企业安全评估	67	3.6
5	安达泰公司	1874 年	美国佛罗里达	安全预警、海外军事设施维护	64	8
6	戴恩公司	1951 年	美国加利福尼亚	战略策划、信息服务、风险评估、安全后勤保障	30	1.2
7	加达国际公司	1995 年	加拿大蒙特利尔	私人安全保护、物流安全护送	3	4.5
8	化险咨询公司	1982 年	英国伦敦	战略咨询、安全评估	2.23	2.1
9	CACI 国际公司	1967 年	美国加利福尼亚	为联合国等国际组织提供安全保护、参与军事行动服务	38	1.5

---

① 2021 年被美国联合环球安保公司收购。

② 2016 年由美国环球服务公司和 AlliedBarton 安保服务公司合并而来。

续表

公司 排名	公司 名称	成立 时间	总部 地址	主营 业务	营业收入 （亿美元）	人员规模 （万人）
10	布林克斯公司	1891年	美国芝加哥	航空安全维护、冲突地区军事人员培训	39	7

资料来源：作者自制。

基于世界局势的演变，各国之间的关系变得更加复杂，局部态势也更加严峻，从而衍生了更大的安保市场，安保业务呈现全球化趋势。目前无论是个人、组织，还是国家，都存在私营安保服务的需求，甚至很多组织及公司对私人安保产生了极大的依赖性，这使得私营安保市场持续扩张。此外，随着全球科技水平持续升高、政治局势更为复杂，很多作战行动都带有非常明显的机动性，且这种机动性还在不断增强，私营安保公司的客户群体也产生了更为强烈的安保需求。所以，当前的私营安保产业常常被等同于商业性战争。[1]

二、国际私营安保市场的治理架构

私营安保服务并非一个全新的领域，但是由于该行业是近年来才实现大规模发展的，因此从发展角度看，该行业的确是新兴行业。私营安保与传统的商业模态完全不同，同时与正规军事产业也有差异，是安全领域出现的多种业态交叉的新形式，也是当前经济活动中活力强大的部门。

随着各国国家安全战略的推进，私营安保公司获得了更大的发展空间，因为私营安保的方式让各国政府可以非常好地解决士兵和资源双重危机的问题，是一种功能理想的替代模式；同时也是很多国家在推进信息搜集过程中能够应用的更为有效的业务模式。私营安保公司

---

① 彼特·辛格著，刘波、张爱华译：《私营装备：军事业务私营模式发展》，北京：人民教育出版社，2013年版，第22—23页。

业务类型广泛，能够对动荡地区和危机地区的客户利益进行较好的保障。另外，很多私营安保公司都开始参与国际社会的人道主义救助，并通过与各种国际组织的合作来参与维和或救援活动，发挥了非常好的作用。目前在安保行业的全球市场中，逐渐形成了基本的业务运作框架，其中参与的主体非常多元，除了企业和个人，还包括很多重要国际组织，甚至主权国家，因此私营安保市场也呈现出了鲜明的国际治理格局。作为国际人道主义守卫者的红十字国际委员会，发布了两个重要文件——《国际人道法中直接参加敌对行动定义的解释性指南》《蒙特勒文件》，进一步推动了私营安保公司的发展，从而为推进私营安保力量的合法性开辟了新的空间。

值得注意的是，在很多跨境私营安保服务业务实现过程中，安全风险也是非常明显的。一方面，私营安保公司在开展业务过程中，很难摆脱暴力模式，甚至在很多弱势地区滥用武力以达成自身的安保目标，让很多地区的民众误认为他们是本国军队，这加深了当地民众和政府之间的矛盾，让所在国政府整体形象受到损害，加剧了地区动荡。另一方面，私营安保行业目前并没有得到较好的监管。任何一个行业的发展，都应该秉承一定的行业责任，这是行业发展过程中的重要约束。但私营安保公司由于在性质上不属于传统层面的雇佣军，也没有具体的性质归属，所以在国际法之中也缺乏专门的管辖规范，存在监管层面的漏洞，导致该行业的发展处于野蛮生长的状态。由于缺乏国际法的制裁，一些雇佣客户完全不担心会受到起诉，因此很多私人承包商都被屡屡爆出各种丑闻。另外，私营安保公司在业务开展过程中，为了达成自身的安保业务目标，往往可能造成不同程度的人权侵犯和隐私侵犯问题，导致公众对于私营安保公司产生了不好的认知。加上这些私营安保公司的业务大多是跨国性质的，所以即使出现了人权侵犯的问题，各方也面临着取证、赔偿等各方面的难题。私营安保公司是冷战后新形势下产生的，存在刚性市场空间，但是对于当前的混乱发展局面，也需要尽快完善相关法律法规和国际规则以进行规范。私营安保行业如果能够得到妥善的引导和管理，那么就能够实现规范运营，充分发挥行业本身的作用，对各国海外权益实施有效的维护。

第二节　当前中国私营安保公司的服务模式和存在的问题

安全的概念本身就比较复杂，相对于国内安全体系，海外安全体系在利益相关者方面更加复杂，因此其整体的安全体系建设也更加复杂。当前，中国海外安全需求日益扩大，而海外安全供给却明显不足，需求与供给之间的矛盾明显，这为中国私营安保公司提供了重要机遇。当然，中国私营安保公司进入国际市场也面临一系列问题。

一、中国私营安保公司面临的发展机遇

虽然现代私营安保公司起源于 20 世纪的美国，并在西方发达国家迅速繁荣起来，但早在数个世纪之前，中国已经出现了私营安保公司的雏形——镖局。中国古代的镖局以获取报酬为目的，为商人、官员和其他人员提供武装护卫。后来随着 20 世纪军阀混战逐渐衰落下去。

改革开放之后，中国经济实力不断增强，开放程度日渐提高，越来越多的中国企业和公民走出国门。从安全供需角度来看，中国海外安全市场需求不断扩大，但供给效能并不高。2021 年，中国派出各类劳务人员 32.27 万人，同比增长 7.2%。截至 2021 年年末，中国在外各类劳务人员 59.2 万人，累计派出各类劳务人员 1062.6 万人次。[1]

中国对外派出的劳务人员，90% 都在亚洲及非洲国家工作，其中在伊拉克、巴基斯坦及非洲国家和地区的人员最多，这些国家基本上都属于共建"一带一路"国家。随着中国海外权益的延伸，海外风险增大，中国海外安保方面的需求更为迫切。据不完全统计，2010—

---

[1] 《去年我国外派各类劳务人员 32.27 万人，同比增长 7.2%》，https://baijiahao.baidu.com/s? id = 1738855531770213454&wfr = spider&for = pc。

2015 年，中资企业各类境外安全事件共发生 345 起，死伤 1000 多人。中资企业员工遭到暴力袭击致死、致伤 567 人，约占中国公民境外遭遇暴力袭击死伤人数的 56%。① 随着海外安保任务的增加，仅依靠政府官方提供保护的方式出现了很多的局限，政府相关部门对海外人员的安全需求难以全面覆盖。因此，构建中国海外安保体系、建立多元化海外安保机制成为维护中国国家安全和海外中国公民权益的一项重要课题。

2012 年，在有关私营安保力量的联合国国际规章框架研讨会上，中国政府对于建立私营安保公司国际运营规章投下赞成票，并且就这一规章的形成进行了深入探究。由此可知，中国政府整体上对于私营安保公司的发展持支持态度，在国际规章制度的制定过程中重视国际交流，希望能够在私营安保行业建立起合理发展、正向引导的规章格局。当前，中国的私营安保公司在业务和运营模式方面与国外的私营安保公司有着本质上的不同，但是二者在安保服务方面有相似性。例如，无论是中国私营安保公司还是国外私营安保公司，都需要对成员进行安全培训，同时都需要大量搜集有效信息，并根据搜集到的信息做好风险评估，尽一切方法保障客户的安全。因此，从保障业务本身来看，国内外的私营安保公司是存在相似性的。但是比起业务范围，国内安保企业的业务范围较狭窄。表 5-2 介绍了中国主要私营安保公司情况。

---

① 《商务部：中国企业境外安全风险不断增加》，http://www.xinhuanet.com/world/2015-12/03/c_128493655.htm。

表 5-2　中国私营安保公司

公司名称	成立时间	注册地址	规模影响力	主要服务区域
杰富仕中国公司	2001 年进入中国市场	英国	全球领先的国际安全解决方案供应商，现有员工 635 000 人，为 100 多个国家和地区提供安全保障服务	全球
伟之杰安保集团	2005 年	北京	国内最早提供要人保护、风险管理、安全咨询等高端服务的安保公司，也是国内最早从事中资企业海外防恐培训及海外项目安全管理的专业机构	中东、东非、东南亚、南美
华信中安保安服务有限公司	2004 年	北京	国际海运保安工业协会唯一中国会员，还是瑞士政府和国际红十字会发起的《私人保安服务供应商的国际行为守则》中国国内（不含港澳台）唯一签约的保安企业	红海、亚丁湾、印度洋、南海
德威保安服务公司	2011 年	北京	中国国内领先的、能够成体系开展海外安保业务的、具有为中资企业境外项目提供专业服务成功经验的专业海外安保服务企业	中东非
华威保安集团股份有限公司	1993 年	山东	中国第一家改制的保安企业，2010 年组建了全国首家私营保安集团	中东
先丰服务集团	2014 年进入中国市场	香港	按照最高国际标准，为全球经营业务的客户提供世界一流的安保解决方案，拥有一支由不同国籍精英构成、能使用多种语言的团队，在全球建立广泛的合作伙伴关系	非洲、东南亚、中亚

公司名称	成立时间	注册地址	规模影响力	主要服务区域
中安消防	2005 年	北京	国内率先进行安保综合运营服务国际整合的企业，先后收购中国香港、中国澳门、泰国、澳大利亚等地安保公司，初步建立起现代化、网络化、多元化的安保体系	中国香港、中国澳门、澳大利亚、新西兰、泰国
克危克险	2005 年	北京	中国本土一家独具特色的新型安全管理公司，中国首席智能集成供应商，专事集成安全管理，以海内外安全项目的总规划、总设计、总集成、总承包为核心业务	巴基斯坦、斯里兰卡等南亚国家

资料来源：作者自制。

整体上来看，中国当前出现了比较大的私营安保服务需求，这让中国此类企业获得了发展的黄金时期。其一，私营安保服务频次加速上升。共建"一带一路"倡议的实施，使得中国的安保需求持续增长，领事保护难以充分保障所有自然人和法人的合法权益，安全问题逐渐成为海外投资活动中较重要的问题之一。基于这种背景，海外安保服务方面的业务订单日渐增加，中国私营安保公司的服务频率逐渐提升。其二，安保服务对象更加多样。随着经济社会的发展，无论是公民自身还是企业，都对自身的安全有了更多的关注。很多境外中资企业家、民营企业家都开始关注自身的安全问题，因此都开始寻求私营安保公司的保护。这种局面使得安保服务市场在交易格局方面发生了明显的改变，从此前的安保公司找客户，逐渐发展为客户主动找安保公司。其三，安保业务涉及的内容出现了更为突出的专业化需求。从之前的咨询、培训及风险评估，扩大到信息搜集及分析、项目风险预测、安保审计、紧急撤离及救援等领域。目前，中国的很多私营安保公司都开始涉足国际业务，主动拥抱共建"一带一路"倡议带来的发展大潮。

图 5-1 为 2013—2021 年中国海外安保市场规模情况。

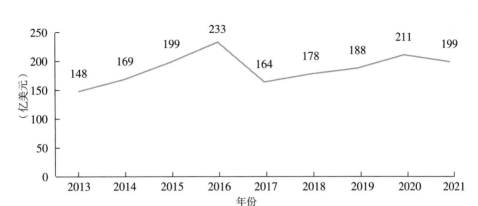

图 5-1 2013—2021 年中国海外安保市场规模
资料来源：作者自制。

二、中国私营安保公司的服务模式

当前中国私营安保公司在运营过程中，主要以如下四种方式对客户提供安保服务：一是跨国的全球性安保公司。这类公司的知名度比较高，实力比较强，例如杰富仕中国公司等，通常会在国内设置专门的运营机构，为国内的大型企业提供多种安保服务。由于这些公司的规模较大、实力较强，且运营时间比较长，拥有丰富的安保经验及专业技术，所以通常在收费方面也比较高，主要的客户是大型企业。二是国内企业。这些企业大多将总部设置在国内，但是业务范围却比较广泛，在中资企业的很多海外项目中都有参与，例如山东华威保安公司等。此类安保公司大多从安全咨询、安保训练等角度为企业提供安保服务。三是合资公司。这类企业在运营过程中，往往会在业务领域与国际安保公司保持比较高的合作度，例如香港先丰服务集团等。这种安保公司分为国际、国内两部分，国内合作方基于资金、技术和人员营救等业务为国内客户提供安保服务，而国外合作方则负责海外安保活动。四是国内安保企业在国外设置分支机构或以购买方式采购当地安保公司业务，同时与之进行国内安保业务的合作。这类安保公司在交易过程中大多以兼并购买的方式来推进业务，以达到本土化运营、多元化服务的目的。这类公司的安保服务比较多样，服务方式也比较灵活，例如北京中安消防等。① 整体上看，第一种公司由于服务较为专业和规范，所以对于资金和成本的要求也比较高，而第四种安保公司服务范围较为广泛，服务方式比较灵活，整体的资金成本也比较合理，所以在市场中最受欢迎，也是安保市场中发展较快的安保模式。表5-3为2022年中国排名前十的私营安保公司。

表5-3　2022年中国私营安保公司排名前十

公司排名	公司名称
1	上海保安服务集团
2	上海中城卫保安服务集团有限公司
3	山东华威保安集团股份有限公司
4	杰富仕中国公司
5	中安保实业有限公司
6	中融安保集团有限公司
7	合肥保安集团有限公司
8	重庆保安集团有限公司
9	昆明安保集团有限公司
10	北京恒安卫士保安服务有限公司

资料来源：作者自制。

三、中国私营安保公司存在的问题

中国私营安保公司发展时间较短，发展过程中出现的问题如下：

第一，发展时间短、整体规模小。中国的海外安保是从2004年阿

---

① 例如，共建"一带一路"国家本身就有着较大的安保服务需求，所以其安保公司大多有着较大的规模和实力，经验也比较充足。

富汗袭击事件之后才开始发展的，该时期受政治局势影响，国家实施了多项海外安保政策，开始引导建立"谁派出、谁负责"的海外安保服务模式。① 此后，很多大型中资企业开始关注海外安保市场，并开始在这一领域进行投资。虽然目前国内安保企业数量已达一定规模，但业务范围更多集中在人员保护和物资运送等领域，鲜有公司对海外安保业务进行涉足。由于私营安保行业整体上的行业标准不够完善，这也使得很多海外安保公司的质量不够理想，在安全保护方面的能力和水平存在差别。受此影响，中国很多企业虽然采购了相应的私营安保产品，但却没有得到满意的安保服务，从而削弱了国内私营安保公司在业务推进过程中的影响力。

第二，机关法律法规有待健全。当前中国关于国外安保服务时法律法规，内容比较零散。中国安保企业在走出国门时仍面临较大的局限。例如，中国安保公司在开展国际业务的过程中，不得不花费较长的时间办理签证及护照，往往导致无法对国外的各种紧急情况进行迅速响应。

第三，安保服务质量不够理想。中国的私营安保公司在法律层面存在约束，大多数不拥有专门的武器，更没有实战性的安保技能。很多小公司甚至在安保操作方面也存在不规范情况，对于安全风险也没有专业的评估预警能力。此外，安保公司的整体实力与信息的获取能力之间存在正向关联，而部分中国私营安保公司目前并不具备专业的信息搜集和分析能力。

第四，人才配比不够理想，缺少专业的信息分析人员及团队。例如，国内的很多私营安保公司在面向人才市场招聘雇员的过程中，对于学历和专业性的要求不高。此外，也有很多私营安保公司为了提高自身的安保能力和市场竞争力，会高薪引入退伍特种兵，然后将其派驻到海外来执行安保任务。虽然退伍人员在格斗方面经验丰富，能力

---

① 刘波：《"一带一路"安保构建中的私营安保公司研究》，载《国际安全研究》，2018年第5期，第129页。

突出，但是却缺乏其他方面的能力，例如外语、跨文化沟通能力等。加上这些退伍人员很多都无法合法地办理出入境手续，导致他们的业务能力和自身人身安全都得不到保障，很多都被客户所在国禁止入境。此外，由于很多安保公司雇佣的退伍人员在语言方面存在局限，无法及时收集安全信息，更不能够进行有效的信息提炼和分析。

第五，不具备国际化资本运营经验及能力，海外业务格局不够完善。中国私营安保公司应该以高度的耐心和责任感进行海外安保服务市场及公司服务品牌的培养。另外，大部分国家知名安保公司都引入了第三方保险，得到了更多的中介支持，但是国内的保险公司鲜有推出私营安保险种的，这导致很多安保企业的海外风险往往靠内部消化，而无法进行风险转移。

第三节　中国私营安保公司的作用和完善私营
安保机制的对策建议

国家军队的职责是对国家进行安全守卫，核心职能是对战争进行应对，但以军队力量保障设立在国外的企业，政治成本及风险都是比较高的，而私营公司机动灵活，可以提供更多服务。

一、中国私营安保公司在海外中国公民权益维护中的作用

保障海外中国公民的安全，涉及的内容非常多，除了法律还有枪支器械等方面的问题。"有时国家并不是处理问题的最佳主体，民间安保公司机动灵活，可以应对更多情况，所以应该重视民间安保资源的挖掘。"① 私营安保公司在维护海外中国公民权益中的作用主要体现在以下方面。

---

① 蒋屹:《"一带一路"战略背景下我国海外矿产资源开发外部安全风险研究》,中国地质大学(北京)博士论文,2015 年 10 月,第 141 页。

第一，购买私营安保公司服务，有利于维护海外中国公民和中资企业的整体利益。当前，海外中资企业对于安保人员的需求度比较高，同时对于所在国安全合作伙伴的关注度也不断提升，希望能够借助私营安保公司为自身的海外权益做好保障工作，例如，私营安保公司可以提供风险评估、信息获取、安全保障、紧急救援、战略指导等安全服务。比如，阿富汗社会治安状况堪忧，在当地的中资企业对于安保服务的需求是非常迫切的；此外，阿富汗国防实力、安全保护经验及装备都存在局限，中资企业需要依靠实力和经验都更加理想的安保公司。再比如，中国公民在海外投资的过程中，如果遭遇了绑架等事件，那么除了可以向地方政府及地方势力寻求帮助之外，还可以利用私营安保公司来共同参与营救，通过双方优势的组合提高营救的成功率和效率。客观上，海外安保是国家安全事务的一种具体体现，所以，私营安保公司对维护中资企业海外权益有着重要意义。

第二，为共建"一带一路"框架下"走出去"的企业人员提供全方位、多元化的安全保障。中国在推进共建"一带一路"倡议过程中，以油气、矿山等资源，以及港口、铁路等基础设施作为驱动，而这些业务都需要雇佣大量的员工，员工的生命安全易受地区安全、社会治安及恐怖主义等因素的干扰。私营安保力量介入海外安全保护，可以增加中国海外安全产品种类，帮助走出国门的企业进行更有效的人员培训及风险预警和应对。近年来，在共建"一带一路"国家中，中国公民遭遇的绑架案频发。在这些案件中，中方企业主要通过当地政府和境内外安保公司联合实施专业人质营救活动，避免直接使用军队所带来的舆论压力。由此可见，私营安保公司可以对部分特殊的安全问题进行灵活解决。

二、完善海外中国公民权益维护私营安保机制的对策建议

新形势下，海外中国公民权益维护的私营安保机制建设应重点根据中国海外权益维护的特点，以共建"一带一路"国家的人身安全、

物资保障、信息整合与风险评估等为目标，构建全方位、多元化的安全保障体系。

第一，坚持总体国家安全观，推动海外中国公民权益维护体系的顶层设计，加快海外安保市场化改革步伐，逐步形成政府主导、企业参与、民间促进的立体格局。立足海外中国公民权益大幅扩展的现状，在总体国家安全观的指导下，对各种力量进行整合，以国家安全委员会为核心，对各部门职能进行融合，搭建起高效、规范的顶层规则体系。在海外权益安保服务中，引入私营安保力量已成为必然趋势。目前在私营安保公司发展的过程中，需要尽快完善相关的发展规划，并建立清晰的发展路线。特别是对风险高发地区，应该尽快构建风险信息储备库、动态监控调节系统，以达到区域高效协同与集成的安保效果。另外，中国政府应该从政策、规则、机制角度进行更多的参与，并积极构建以市场、企业为主导的安保运作机制，尽快引导中国私营安保公司主动参与海外权益维护业务，建立政府、市场、社会、企业联动的多元安保体系模式。

第二，加快中国私营安保公司业务扩张，尽快构建基于服务项目的联合安保机制。在中国的安保服务中，非军事化私营安保公司更加适合国内的实际情况，所以，中国政府要从政策、法律及规则角度引导国内安保公司积极参与国际业务，对国外私营安保服务进行采购，从而为中国海外权益提供更多安保服务。中国的企业在参与各种国际业务时，在关注招投标、设计、生产及营销活动之外也要重视安全服务。国家层面应该重点强化安保领域的科技投入，充分发挥物联网、大数据、亿智能等技术的支持作用，推进安保平台的综合化建设，以全面多元的安保服务机制服务共建"一带一路"倡议的落地实施。

第三，立足私营安保公司的业务特点，建立健全相关法律法规。中国目前的安保行业发展中，法律不完善造成了较大的制约。应该根据海外中国公民权益维护的相关内容，尽快完善私营安保领域的法律法规，提高法律硬性约束力。以多种措施引导私营安保机构以合理的方式获取海外安保业务的参与资质。在立法环节，也要关注私营安保公司本身运营能力问题，从人才选择、运作流程等角度对私营安保公司进行指导，提高其运营的规范化。对于私营安保公司的各种安保业务也应该基于法律实施监管，对于枪支等特殊物品更要严格监管，避免枪支滥用等问题的出现。在法律落地之前，可以通过许可制度的方式确定私营安保公司及其雇员的服务范围及服务方式，明确服务内容，对禁止参与的业务也要清楚地进行规定。

第四，积极参与私营安保公司的国际规则制定和全球治理进程。私营安保公司在业务推进的过程中，跨境执业是非常突出的特点，所以推进国际合作是安保行业发展的必然趋势。中国应该积极参与全球治理，转变原有的运营理念，对国外的安保行业经验进行借鉴，主动参与国际安保领域规范及规则的制定，推进行业标准的完善，提高中国企业在国际安保行业中的话语权，从而更好地维护中国私营安保公司的业务权益。国际法是对国内法律的一种补充，可以在国际规范、规则及标准下，基于双边渠道为中国私营安保公司的海外业务创造更加有利的业务环境。国内私营安保公司可以积极发挥自身的资金优势，主动对国外一些运营能力较好的安保公司进行并购，从而拓展自身的业务架构，引进先进的安保技术，全面提高公司的国际化安保服务能力。

第五，应对私营安保公司采取措施予以严格管理、规范和限制，管控其行动范围，使其兼顾商业逻辑和政治逻辑，对违法违规行为进行惩戒。私营安保公司在人员雇佣时，应该重视背景调查，避免雇佣品行不端人员，严禁有犯罪前科的人员进入公司。在等级注册、许可证发放、责任追究等方面都要明确相关的管理条例，让雇员的所有行为都纳入法律框架和责任框架。强化雇员培训工作，将人道法、战争法内容与公司业务培训内容关联起来，同时基于审查及述职机制督促私营安保公司不断提升自身人员素质，提高自身的业务服务水平。相关部门要强化私营安保公司营业资质的审查和管理，对于没有营业执照或业务存在问题的公司进行相应的惩戒。

本章小结

当前，中国的海外权益总量巨大而且持续增长，越来越多的企业进入海外市场进行投资，境内人员的出境频率不断增加，怎样对海外中国权益实施保护已经成为中国国家安全的一项重要内容。此前的安保服务领域，政府是唯一的安保服务提供方，但是在海外企业和海外投资不断增加的新形势下，中国政府已经很难对所有的海外权益提供全面、灵活的安保服务。私营安保公司在风险评估、信息搜集、战略安全咨询等方面都有着突出的优势，能够与国家海外战略相配合，输出更有效的"公共安全产品"，有效协助海外中国公民权益维护，增强中国政府在海外的安全供给及安全保障能力。在百年未有之大变局下，伴随着中华民族的伟大复兴，将会有越来越多的私营安保公司参与海外中国公民权益的维护，为此要充分发挥自身的后发优势和规模优势，积极推进行业规范制定，提高自身的行业话语权；同时走出国门的私营安保公司要重视全过程动态业务管理，持续提高自身在国际业务中的竞争力。

第六章　海外中国劳工保护的现状和困境

移民工人历来都是国际移民中的组成部分，他们的地位不可忽视。国际劳工组织在 2021 年发布的《国际移民工人的全球估测》报告中揭示，2019 年，国际移民工人占全球劳动力的近 5%。[1] 移民工人数量庞大，遍布世界各地，并为他们的祖（籍）国和所在国的经济发展作出了重要贡献。然而，许多移民工人往往无法真正融入当地社会，他们在应聘和工作过程中常常面临被歧视、剥削和虐待的风险，他们很难获得公平待遇和救济渠道。[2]

尽管联合国大会早在 1990 年 12 月 18 日就通过了《保护所有移徙工人及其家庭成员权利国际公约》，保护移民工人依然困难重重，国际社会所作的努力效果甚微。因此，意大利哲学家吉乔奥·阿甘本选择使用"赤裸的生命"一词来形容那些在跨国移动中身处脆弱地位的人们。[3]

随着共建"一带一路"倡议的全面推进和经济全球化的不断深化，

---

① 《国际劳工组织：全球移民工人增至 1.69 亿》，https://news.un.org/zh/story/2021/06/1087152。

② Kholid Koser, "Protecting the Rights of Migrant Workers", in Cortina Jeronimo and Ochoa-Reza Enrique, eds. *New Perspectives on International Migration and Development*, New York: Columbia University Press, 2013, pp. 93-108.

③ 《海外中国劳工保护：赤裸的生命，沉默的安全》，https://www.sohu.com/a/407025674_260616?trans=000014bdssdkamhg。

越来越多的中国公民走出国门从事海外劳务活动。2021 年，中国派出各类劳务人员 32.27 万人，同比增长 7.2%。其中，对外劳务合作共派出劳务人员 18.98 万人，同比增长 16.9%。截至 2021 年年末，中国已累计派出各类劳务人员 1062.6 万人次。[①] 这些海外中国劳工不仅在国际移民工人中扮演着重要角色，也是海外中国公民的重要组成部分。

第一节　保护海外中国劳工的必要性与重要性

目前，海外中国劳工群体在学术界并没有严格的界定，常被称为"海外务工人员""跨境劳动者""海外劳工"。在本章中，我们将这个群体定义为"已经或将要在海外从事有报酬工作的中国人"。这包括了与国内用人单位签订劳动合同的劳动者，其中包括被派遣到海外雇主处工作的劳动者，以及被派遣到海外承揽业务的劳动者；还包括通过国内外派劳务企业与海外雇主签订劳务合同的劳动者，以及由国内劳务中介介绍到海外就业的劳动者；此外，也包括通过非正规渠道抵达海外或签证逾期滞留海外的非正规劳务人员。[②]

目前，海外中国劳工的保护面临着新的挑战。一方面，海外中国劳工面临着日益复杂化的安全问题，包括健康安全（疾病、传染病的威胁等）、经济安全（劳务纠纷、拖欠工资或财产被骗等）、政治安全（基本权利和自由受损、个人尊严受侮辱等），以及人身安全（恐怖袭击、绑架、自然灾害、群体事件的威胁等）。另一方面，以政府为主导的传统保护模式已难以充分满足当前现实中的安全需求。

一、伦理规范与海外劳工保护

国家作为国民基本安全的提供者，其提供的安全保护包含预防责

---

① 《去年我国外派各类劳务人员同比增长 7.2%》，https://www.workercn.cn/papers/grrb/2022/07/22/6/news-3.html。

② 章雅荻：《"一带一路"倡议与中国海外劳工保护》，载《国际展望》，2016 年第 3 期，第 93 页。

任、反应责任和重建责任，构成了一个综合概念。① 在 17—18 世纪的启蒙运动中，学者如霍布斯、洛克与卢梭，以"契约"的概念来解释国家的起源与合法性。社会契约论者认为，国家的诞生源于人民的同意，政府是人民的代表；人民将一部分权力委托给政府，政府应恪守契约，保障人民的自由、生命、财产权益，并实现正义，② 这是国家与政府合法性的基石。人类形成社会、建立政府、组建国家的根本目的是获得更大的安全和幸福，国家是一种手段而非目的。③

政府通过公民的税款提供各种社会福利，并保护公民的人身权利免受侵犯。因此，政府不仅是一种权力，更是一种维护公民安全、平等、自由等基本人权，创造环境与条件促进公民全面发展的义务与责任。国家既是权力主体，也是责任主体。④ "一国的国民受到伤害，就意味着该国本身受到了损失。"⑤

随着全球化的发展，人与人、国与国之间的交流日益频繁，政府保护公民安全的责任也延伸到了海外。全球化使得海外安全与权益在国家安全与权益中所占分量增加、重要性加强。世界各国，特别是大国，都越来越重视维护本国海外安全与权益。各国在有关国家战略、国家利益或海外权益的论述中，公民的安全，包括海外公民的安全，占据越来越重要的位置。国际人权保护观念的增强与政府保护公民责任的加强，都对政府的保护能力提出了更高的要求。对海外公民进行保护，使他们免受各种不法侵害，并在他们的合法权益受到威胁时提

---

① 黎海波：《海外中国公民领事保护问题研究（1978—2011）——基于国际法人本化的视角》，广州：暨南大学出版社，2012 年版，第 90 页。

② 卢梭著，何兆武、李平沤译：《社会契约论》，北京：商务印书馆，1982 年版，第 22—24 页；洛克著，叶启若、瞿菊农译：《政府论》（下篇），北京：商务印书馆，2005 年版，第 77—80 页。

③ 潘一禾：《"人的安全"是国家安全之本》，载《杭州师范学院学报》（社会科学版），2006 年第 4 期，第 56 页。

④ 张爱宁：《国际人权法的晚近发展及未来趋势》，载《当代法学》，2008 年第 6 期，第 61 页。

⑤ 戴瑞君：《国际人权条约的国内适用研究：全球视野》，北京：社会科学文献出版社，2012 年版，第 29 页。

供帮助，是政府应尽的责任。

二、外交使命与海外劳工保护

领事制度最早起源于古希腊城邦政治中的外国代表人和前导者。在公元前 1000 年左右，希腊的城邦就存在着指定的外国代表人来维护他们所代表的国家的利益。据估算，至少有 78 个希腊城邦、城市或联邦曾采用外国代表人制度。① 大约在公元前 6 世纪，埃及允许居住在瑙克拉蒂斯的希腊人推选前导者，以希腊法律管理希腊人，并充当外国殖民地和当地政府之间的法律和政治关系的中间人。同一时期，在现在印度一带的某些国家也存在类似的制度。公元前 242 年，罗马共和国设立了外国人执政官，负责裁决外国人之间或者外国人与罗马公民之间的争端。十字军东征期间和随后的时期，东西方贸易增长推动了领事制度的发展。意大利、西班牙和法国的商人推选自己的代表作为东方国家的领事，以监督他们的商业事务，保护自己的利益，并裁决商人之间的纠纷。到了中世纪后期，意大利、西班牙和法国商业城市中的外国人经常推选一人或数人充当商业纠纷的仲裁者。

直到 16 世纪，随着越来越多的国家趋向中央集权化，政府开始直接控制领事机构。18 世纪，领事制度曾一度衰退，但随着商业、航运和工业的稳步发展，政府重新认识到领事制度的重要性。一些贸易和领事条约中特别提到了领事的职务、特权和豁免权。领事的职责是确保本国公民在外国受到公正对待，并采取一切必要和有效的措施来实现这一目标。通过领事，国家将其保护权力延伸到世界各地。

领事保护是指派遣国外交、领事机关或领事官员在国际法允许的范围内，行使保护派遣国国家利益、公民和法人合法权益的行为。在国际领事实践中，领事保护分为狭义和广义两种。狭义的领事保护指的是，当派遣国公民或法人在领事管辖区内遭受不法侵害或损害时，

① 李宗周：《领事法和领事实践》，北京：世界知识出版社，2012 年版，第 5 页。

领事官员与领事管辖区当局进行交涉，要求制止不法行为，并为派遣国公民或法人所遭受的损失寻求赔偿。广义的领事保护除了上述内容外，还包括领事官员向派遣国公民或法人提供的其他必要帮助和协助，一般称为"领事协助"。①

21世纪初以来，中国政府提出了外交为民的理念。这一理念在提出"海外民生工程建设"之后不断拓展。具体要求包括：切实维护海外中国公民的合法权益、为中国游客提供更安全的旅程环境、为中国留学生争取更好的教育条件、为中国商人创造友好的商业环境、为中国劳工提供更好的工作条件等。② 这种外交为民的理念不再只是口号，而是一系列关于保护海外公民的具体措施和政策。

三、法律责任与海外劳工保护

一个国家政府在其海外公民的合法权益受到侵害时，理应承担保护的责任。早在18世纪，这种责任观念就由法学家瓦泰尔在他的经典著作中提出，并一直被后来的国际法惯例所坚持。③

1963年，联合国在维也纳召开会议通过了《维也纳领事关系公约》，详细规定了领事机构的设立、领事的职务、领事人员的特权与豁免等内容，并于1967年生效。在《维也纳领事关系公约》框架下，领事保护制度基于属人管辖权、外国人待遇原则和国际人权保护等理论，形成了国际法的理论基础。国际法明确规定了领事的责任：保护本国公民在居住国的利益，并为本国公民在居住国提供各种便利，甚至在特殊情况下处理本国公民的相关事务。④

---

① 黎海波：《当前中国领事保护机制的发展及人权推动因素》，载《创新》，2010年第4期，第42页。

② 夏莉萍：《十八大以来"外交为民"理念与实践的新发展》，载《当代世界》，2015年第2期，第50页。

③ 汪段泳：《海外利益实现与保护的国家差异——一项文献综述》，载《国际观察》，2009年第2期，第29页。

④ 《国际条约集(1963—1965)》，北京：商务印书馆，1976年版，第38—69页。

属人管辖权原则是领事保护的基础前提，即外国人将始终受到其国籍国的保护，即使他们在他国的领土上。[①] 根据属人管辖权原则，国籍国可以超越居住国的管辖权，对海外公民进行保护。随着国际关系的发展，尤其是国际贸易、运输和旅游的迅速发展，国家之间的领事关系也得到了进一步发展。这种情况要求对领事的法律地位和职责作出尽可能统一的规定。

到目前为止，大多数加入《维也纳领事关系公约》的国家都在其宪法文件中规定了对海外公民和法人的保护，这反映了国家对于海外公民权益的高度重视。

四、经济需求与海外劳工保护

从 20 世纪 90 年代开始，海外劳工的侨汇金额已经远远超过了旨在帮助发展中国家经济发展的官方援助项目的总额。侨汇收入通过促进消费和投资以及经济的"自保险"机制等方式，推动收款国的经济增长。

中国侨汇收入排名位于世界前列。从 1982 年到 2015 年，侨汇收入占中国国家外汇储备的平均比重超 2.8%，如图 6-1 所示。随着时间的推移，由移民产生的发展效应逐渐显现。海外劳工汇款已成为劳工家庭收入中的重要部分，对于提高家庭收入、促进当地经济发展起到重要作用。

随着中国对外开放的不断深化和共建"一带一路"倡议不断推进，对外劳务合作和承包工程的数量逐渐增加，中国派出的劳工人数也在增加。海外劳工已成为中国经济发展不可或缺的重要组成部分。确保海外劳工的安全是发挥他们对经济发展积极影响的前提。

---

① 拉萨·奥本海:《奥本海国际法》,上海：上海社会科学院出版社,2017 年版。

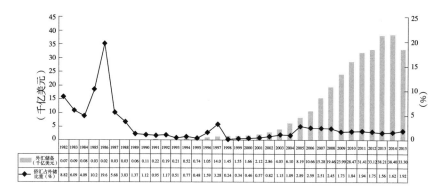

	1982	1983	1984	1985	1986	1987	1988	1989	1990	1991	1992	1993	1994	1995	1996	1997	1998	1999	2000	2001	2002	2003	2004	2005	2006	2007	2008	2009	2010	2011	2012	2013	2014	2015
外汇储备（千亿美元）	0.07	0.09	0.08	0.03	0.02	0.03	0.03	0.06	0.11	0.22	0.19	0.21	0.52	0.74	1.05	1.40	1.45	1.55	1.66	2.12	2.86	4.03	6.10	8.19	10.66	15.28	19.46	23.99	28.47	31.41	33.12	38.21	38.40	33.30
侨汇占外储比重（%）	8.82	6.09	4.09	10.2	19.6	5.68	3.83	1.37	1.12	0.95	1.17	0.51	0.77	0.48	1.59	3.28	0.24	0.34	0.46	0.57	0.82	1.15	1.09	2.89	2.59	2.51	2.45	1.73	1.84	1.94	1.75	1.56	1.62	1.92

图 6-1　1982—2015 年中国外汇储备及侨汇收入对比情况

资料来源：由世界银行《移民和汇款概况 2016》以及中国国家统计局官方网站相关数据整理计算而得。

第二节　新中国海外劳工保护的历程和现状

新中国成立以后，中国的劳务输出有了新的发展。尽管这一时期的劳务输出大都是以人道主义援建为主，基本是无偿的，并不从经济利益的角度来考量，不能算真正意义上的国际劳务输出，却为中国改革开放之后的对外劳务输出打下了基础。

一、劳务输出的恢复与保护意识的萌芽

20 世纪五六十年代，中国向亚洲、非洲等地的发展中国家提供无偿经济援助并以对外承包工程的方式派遣了大批劳务人员、技术人员和医务人员。这种方式一直延续到 20 世纪 70 年代，当时，中国因私出国务工人数几乎为零。中共十一届三中全会以后，伴随着改革开放、经济全球化与世界服务贸易的发展，中国对外劳务输出方式有了新变化。1979 年 4 月，国务院批准中国建筑总公司、中国土木工程公司、中国公路桥梁公司和中国成套设备出口公司率先在中东、非洲等地区开展对外承包工程和国际劳务合作业务。当时，中国已经在全球 70 个国家和地区建成了 1000 多个援助项目，向受援国派遣了包括技术人员

在内的大批劳务人员。① 这种以承包工程为主的劳务输出公司开展的国际劳务合作，有别于此前的对外经济援助，表明中国国际劳务合作开始形成。

中国于 1979 年 7 月 3 日申请加入《维也纳领事关系公约》，同年 8 月在领事制度的程序上与国际社会正式接轨。1982 年修订的《中华人民共和国宪法》中明确规定："中华人民共和国保护华侨的正当的权利和利益，保护归侨和侨眷的合法权利和利益。"这在一定程度上表明了政府对海外中国劳工保护意识的萌芽。但是，这一阶段有关海外劳工安全供给的实践几乎空白。

20 世纪 80 年代，特别是 90 年代以来，在"走出去"战略的引导下，中国劳务输出加速发展，海外中国劳工的人数不断增加，主要集中在工业和基础设施建设领域，比如建筑业、制造业等。海外中国劳工安全保护也逐渐提上日程。中国开始探索海外中国劳工安全保护的新路径，在制度建设、法律法规方面逐一进行调整与拓展。② 1992 年，经国务院协调，当时的劳动部开始介入原来由对外经济贸易部管理的海外中国劳工事务，形成了由原对外经济贸易部和原劳动部共同管理海外中国劳工的局面。两个部门的职责分工是：前者负责建制的劳务派遣管理，后者负责境外就业管理。

与此同时，政府还颁布了一系列法律法规和文件以规范境外就业、保护海外劳工的权益，例如：原劳动部于 1992 年颁布了《关于做好劳务输出、境外就业劳动管理工作的通知》《境外就业服务机构管理规定》，明确指出劳动部应该为海外劳工的权利保护负责，并要求加强招聘、职业培训、劳动报酬等环节的管控，整顿劳务市场秩序，打击非

---

① 中华人民共和国国务院新闻办公室编：《中国的对外援助》，北京：外文出版社，2011 年版，第 14 页。

② 章雅荻：《海外中国劳工保护制度的演变与未来展望——基于历史制度主义视角的分析》，载《华侨华人历史研究》，2022 年第 1 期，第 45 页。

法移民，维护劳务人员的合法权益等。① 原对外贸易经济合作部于 1993 年发布了《对外劳务合作管理暂行办法》，就对外劳务合作经营权等方面进行了严格的规定。② 原对外贸易经济合作部、外交部、公安部等部门于 1996 年共同颁布了《办理外派劳务人员出国手续的暂行规定》，要求派遣公司对派出劳工进行有关当地国家法律、规范、语言、风俗等内容的培训。外交部于 2000 年首次出台了《中国领事保护和协助指南》，随后又多次更新；其重要内容包括领事官员能够提供的协助内容和服务内容、不能提供协助的情况及其内容等，其目的是告知中国公民如何通过中国驻外使领馆维护自己的正当权益。

二、海外劳工事务管理的改革与机制建设

21 世纪以来，随着海外劳务输出逐渐开始实行市场化运作，中国的劳务输出在数量上大幅增加。但同时，海外中国劳工安全事件频发，这对海外中国劳工的安全保护也提出了更高的要求。管理改革与机制建设成为这一阶段的重点。在法律法规方面，2002 年，原劳动和社会保障部、公安部、原国家工商行政管理总局共同颁布了《境外就业中介管理规定》以规范境外就业中介活动，维护境外就业人员的合法权益。③ 2005 年，商务部颁布了《关于加强境外中资企业机构与人员安全保护的工作意见》，要求公司加强对海外劳工的安全教育，以提升他们应对风险的能力。④

在日常管理方面，国务院于 2008 年进行了统一调整：原劳动和社

---

① 《劳动部关于做好劳务输出、境外就业劳动管理工作的通知》，https://www.chinacourt. org/law/detail/1992/07/id/15379.shtml。

② 《对外劳务合作管理暂行办法》，http://www.mofcom.gov.cn/aarticle/swfg/swfgbi/ 201101/20110107352516.html。

③ 《境外就业中介管理规定》，http://news.sina.com.cn/c/2002-06-26/1133617140. html。

④ 《国务院办公厅转发商务部等部门关于加强境外中资企业机构与人员安全保护工作意见的通知》，http://www.gov.cn/zhengce/content/2008-03/28/content_6832.htm。

会保障部的境外就业管理职能划入商务部，① 最终形成了商务部与公安部、外交部、原国家工商行政管理总局、交通运输部等部门协同管理移民工人出入境、境外劳务纠纷或突发事件处理等事项的新局面。② 各部门的具体分工为：商务部主要负责制定与执行与劳务输出相关的政策，搜集对外劳务输出与工程项目的数据，监督、评审海外劳务合作公司，培训对外劳务输出员工；外交部主要负责处理劳工海外纠纷以及一些突发事件，比如自然灾害、恐怖主义等；公安部负责办理海外劳工的出境手续；等等。

这一阶段，国家对境外劳务纠纷、境外中资企业机构安全管理、对外劳务合作管理等方面更为重视。2009 年 6 月，商务部与外交部共同颁布了《防范和处置境外劳务事件的规定》，这一规定将海外劳工保护的责任主体定为地方政府和驻外使领馆，由他们共同处理海外劳工的劳务纠纷。③ 2010 年，商务部、发展改革委、公安部、国资委等七个部门里联合印发了《境外中资企业机构和人员安全管理规定》，强调落实境外安全责任制，把企业负责人列为境外安全的第一责任人。④ 2012 年，国务院颁发了《对外劳务合作管理条例》，对保护海外劳工权益作了详细、有针对性的规范。例如：要求派遣公司为海外劳工与其海外雇主的信息交流建立机制，以及时处理劳工的投诉；提醒海外劳工关注违反合同、当地法律及法规的侵权行为；规定派遣公司只要派出超过 100 名员工，就应该派出一名经理进行管理；所有涉及劳务输出的公司必须缴存至少 300 万人民币的风险处置备用金，以用于突

---

① 吕国泉、李嘉娜、淡卫军等：《中国海外劳务移民的发展变迁与管理保护——以移民工人维权和争议处理为中心的分析》，载《华侨华人历史研究》，2014 年第 1 期，第 5 页。

② 同①。

③ 《商务部、外交部关于印送〈防范和处置境外劳务事件的规定〉的通知》，http://www. mofcom. gov. cn/article/zcfb/zcgfxwj/202108/20210803188580. shtml。

④ 《〈境外中资企业机构和人员安全管理规定〉解读》，http://m. mofcom. gov. cn/article/zhengcejd/bq/201008/20100807086944. shtml。

发情况时对劳工的第一救助。①

　　在应对海外突发安全事件方面，2004 年是海外中国劳工保护的重要年份。这一年发生了一起重大海外安全事故。6 月 10 日，阿富汗恐怖分子袭击中铁十四局援建的建筑工地，造成 11 名工人死亡、4 名工人重伤。在此背景下，从 2004 年起，外交部开启了新一轮的机构建设：设立涉外安全事务司、成立以外交部为主导的境外中国公民和机构安全保护工作部际联席会议、增设应急办公室等。2006 年，外交部在领事司内增设了领事保护处。2007 年，领事保护处升级为领事保护中心，工作人员由原先不到 10 人，增加至 14 人。② 2011 年 11 月，外交部开通了一站式领事服务网络平台，定时更新海外安全提示。

　　2004 年发生在阿富汗的恐怖袭击事件也改变了政府对私营市场的态度，开启了中国在海外公民安全供给领域公私合作的新时代。③ 2010年，私营安保公司正式合法化。2012 年，中水电公司首次雇用了来自中国的武装安保人员解救被绑架人员。市场的力量开始逐渐参与海外中国劳工的保护。私营安保公司由于其经营模式灵活、专业性强等特点，在海外劳工安全保护中占据独特位置。

第三节　海外中国劳工保护的困境与不足

　　中共二十大报告强调：加强海外安全保障能力建设，维护我国公民、法人在海外合法权益。保护海外中国公民的安全已经成为国家安全工作中备受关注的议题。在中国政府对海外中国劳工保护愈发重视和中国国力不断提升的背景下，我们取得了一系列引人注目的成绩。

---

　　① 《中华人民共和国国务院令第 620 号》，https://www. gov. cn/gongbao/content/2012/content_2161721. htm。

　　② 《外交部领事保护中心在北京正式成立 杨洁篪讲话》，https://www. gov. cn/jrzg/2007-08/23/content_725761. htm。

　　③ 赵可金、李少杰：《探索中国海外安全治理市场化》，载《世界经济与政治》，2015 年第10 期，第 150 页。

2011 年的利比亚撤侨行动就是一个例子。仅用 12 天的时间，我们圆满完成了撤离任务，成功将 35 860 名被困在利比亚的中国公民安全带回国内。在 2015 年的也门撤侨行动中，我们派出军舰接回了 500 多名中国公民和 100 多名外籍华人。而在 2020 年新冠疫情初期，我们仅用了 10 天时间就成功撤离了 40 000 多名中国公民，派出了 200 架客机。每一次撤侨行动都展示了中国政府维护海外权益和保护海外公民的决心和能力。

尽管海外中国劳工保护工作取得了一些成绩，但也存在一些困境和不足之处。具体表现在以下几个方面。

一、安全供需关系失衡

随着海外中国公民数量快速增长，海外安全事件也频繁发生。外交部和中国驻外使领馆数据显示，仅在 2019 年，他们处理了高达 8 万起领事保护与协助案件，其中劳务人员安全事件占比达到 19%。[1] 海外安全需求的大幅增长使得中国的领事保护制度难以承担，安全公共产品的供应出现赤字，安全供需关系出现了不平衡，甚至是矛盾的状态。这种情况导致了我们面临一个"高风险、低安保、损失重、救济弱"的安全困境。[2]

二、协调多元主体行动的框架尚待完善

目前，市场和社会组织等各方逐渐参与到海外中国劳工安全保护的实践中，但协调多元主体行动的整体性框架仍有待完善。这种整体性行动框架是否完善影响安全供给和配置的效率。安全供给效率低意味着政府财政预算支出提供的公共产品不足。配置效率低则意味着作为供给者的政府提供的公共产品质量较低。此外，整体性行动框架不

---

① 张蕴岭、张洁、艾莱提·托洪巴依主编：《海外公共安全与合作评估报告（2019）》，北京：社会科学文献出版社，2019 年版，第 33 页。

② 崔守军：《中国海外安保体系建构刍议》，载《国际展望》，2017 年第 3 期，第 78 页。

完善也导致海外中国劳工保护无法建立一种标准化的安全供给模式。也就是说，在面临不同的安全风险和威胁时，我们无法迅速准确地提出有效的安全保护模式。这种情况让海外中国劳工保护面临着诸多挑战，因此，需要继续完善协调各方行动的整体性框架，以提高海外中国劳工安全保护的效率和质量。

三、管理机构有待健全

当前，海外中国劳工事务相关工作分散在多个部门，缺乏一个专门负责海外劳工日常管理的机构，也导致政府无法充分发挥在行业监管、促进海外就业、提供相关福利，以及确保海外劳工受到公平待遇方面的积极作用。这种现状限制了海外中国劳工管理的效果，因此，需要建立一个专门的部门或机构，统一管理各个方面的海外劳工事务。这样可以提高管理的效率和协调性，确保相关工作的顺利运行，并更好地促进海外中国劳工保护的发展。

四、安全供给内容不足

现有的海外中国劳工安全供给内容存在一定的局限性。虽然我们重视海外劳工的人身安全，但却对他们的合法权益、社会权利和人格尊严重视不够。此外，我们也倾向于关注海外劳工面临的大规模突发事件，而忽视了他们日常生活中所面临的安全问题，如工伤事故和拖欠工资等。公开资料显示，每年在海外发生的中国劳务人员和当地雇主之间的纠纷案件中，不少案件涉及雇主不支付中国劳工工资，以及雇主无故解雇中国劳工、克扣工资、强迫退职、侮辱人格等恶劣行为。工伤事故则集中发生在新加坡、印尼，以及中亚、西亚和北非等地的中资企业承建项目。可以看出，现有的海外中国劳工安全供给内容仍存在许多不足之处，我们需要更全面地关注和保护海外劳工的合法权益、社会权利和人格尊严，以及日常所面对的安全问题。

五、安全供给模式单一

虽然在海外安全保护的实践中，市场与社会组织的作用逐渐显现，但是在海外劳工权益被侵害时，仍大多采用传统保护模式，即偏向于利用外交、政治手段保护海外劳工的安全与权益。但国际法上属地国的属地管辖权优于属人管辖权，这就造成了传统保护模式在海外劳工维权方面难以发挥应有作用，只能通过沟通、建议、监督和敦促的方式解决问题，无权介入属地国的行政和司法。[①] 这种单一以政府为主导的安全供给模式，不仅增加了中国驻外使领馆的工作负担，也降低了安全保护的效率，提高了保护成本。

为了改善这种局面，我们需要探索更加多元和有效的海外劳工安全供给模式。市场和社会组织可以在保护海外劳工权益方面发挥更大的作用。政府部门可以加强与企业和社会组织的合作，建立更完善的合作机制，共同参与和推动海外劳工的安全保护工作。此外，我们还可以借鉴国际社会的经验，加强与属地国的合作和沟通，促进海外劳工权益得到更全面和有效的保护。

第四节　完善海外中国劳工保护实践的对策建议

当前，海外中国劳工所面临的安全威胁变得越来越多样化和复杂化。海外中国劳工保护实践正面临前所未有的挑战，要求我们思考如何能够更有效、更全面地保护海外中国劳工，并推动海外中国劳工保护实践的完善。

一、健全海外中国劳工管理机构

为了更有效地保护海外劳工权益，健全海外中国劳工管理机构至

---

① 王辉:《我国海外劳工权益立法保护与国际协调机制研究》,载《江苏社会科学》,2016年第3期,第160页。

关重要。通过承担审核海外劳务中介机构、制定和推行最低劳动标准、引导和促进劳工就业、提供相关福利、确保海外劳工受到公平待遇等多项责任，来切实维护海外中国劳工合法权益。

值得一提的是，一些劳工输出大国，例如孟加拉国、菲律宾等，设立了专门负责管理海外劳工的部门，还在本国劳工集中的地区设立了行政机关，向本国工人提供援助和支持。

通过健全海外中国劳工管理机构，中国可以更加全面、系统地管理和保护海外中国劳工，有助于提高海外中国劳工的福利和待遇，减少海外中国劳工在海外遭遇不公平待遇和被侵权事件的发生。

二、完善相关法规条例建设

完善海外中国劳工保护制度的法律框架，加强政策支持。这包括加强海外中国劳工权益维护的国际法律合作、加强对海外劳工雇佣合同的执行监督、加强福利保障和社会保险制度建设等。在海外劳工面临商业纠纷、拖欠工资等问题时，法律是最有效的保护手段之一。因此，我们需要完善相关法律法规，明确海外劳工的合法权益，规范海外劳工的管理实践。这些法律法规的内容应该具体、详细，并具有可操作性，并明确相关部门的责任和义务。

除推动建立健全相关法律法规外，政府还应加强对法律法规的执行和监管。这包括建立监督机制、加强对海外劳工合同签订和执行的监督、加大对违法招募劳工行为的打击力度等，确保海外劳工能够享受到法律保护并获得公正对待。

三、提前做好风险预案

传统模式在风险防范意识和法律保护手段方面存在缺失，这导致面对突发事件时，我们往往无法作出及时和有效的应对措施。因此，亟须建立一套科学的数据体系，来评估海外投资对象国的风险。以2011 年利比亚局势动荡为例，中国有 13 家央企在利比亚的项目全部暂停，部分原材料和大型设备无法撤回，大批工人滞留。类似这样的突发事件一旦发生，将造成严重安全威胁。为了应对这些突发性事件，相关部门应提前设计和制定一套完整的应急计划或方案。这些计划或方案应综合考虑各种可控和不可控因素，形成系统化、体系化的应急预案，以备不时之需。这包括建立信息收集和监测体系、加强风险评估和预警能力、制定具体的行动方案和决策程序，以及加强协调和合作机制等。通过建立系统化的应急预案，我们可以提高对海外安全威胁的应对能力，减少损失，并更好地保护中国在海外的权益。

四、积极发挥多个主体所长，创新保护模式

在全球化时代，海外中国劳工的保护需要多元化的保护主体，而不是仅仅依靠政府。海外中国劳工面临的安全风险和威胁具有多样性、复杂性和交织性的特点，这需要多方共同参与保护工作。政府、市场、社会组织和国际组织都在海外中国劳工的保护中发挥重要作用。政府以公平为目标，但有时效率较低。市场具有高效便捷、多元灵活等特点，但相应价格较高。社会组织在提供支持和保护方面拥有多元化手段，可以覆盖政府和市场无法触及的安全领域，但也可能遭遇志愿者无法充分发挥作用的问题。国际组织可以制定劳工标准、搭建协商对话平台、推动签署与海外劳工权益相关的国际公约，但国际法有时难以实施。

因此，政府应与市场、社会组织、企业和海外华侨华人团体等多方合作，实现信息共享、风险评估、预警机制和紧急救援的有效运作，共同构建多元化的海外中国劳工保护机制。通过多方合作，各保护主体可以发挥各自的优势，为海外中国劳工提供更全面和有效的保护。这种合作不仅能够提高保护的效果，也能够减轻单一保护主体的负担，并增强各方在保护海外中国劳工权益方面的责任感和行动力。

当然，我们还需要提升海外中国劳工的安全意识和自我保护能力，提供相关培训和教育。同时，建立一个便捷的投诉机制，使海外中国

劳工能够及时报告和寻求帮助，确保他们的权益能够得到及时有效的保护。

本章小结

劳动力跨国流动已成为国际社会的常态。海外劳工对于国籍国和所在国的经济和社会都作出了重要的贡献，在减少贫困、促进发展和增进交流等方面起到了积极的作用。中国已经意识到保护海外公民不仅是一项责任和义务，也是维护国家形象和尊严的重要举措，更涉及党和政府的形象和能力建设。

然而，与国内劳工的安全保护相比，海外劳工的安全保护更为复杂和独特，这对中国的海外劳工保护提出了更高的要求。近年来，中国政府在海外中国劳工保护方面已经取得了显著的成绩，在国际上树立了良好的形象，并增强了海外华侨华人对祖（籍）国的认同感。然而，我们也要清醒地认识到，中国在海外劳工保护方面仍存在不足之处，需要进行改进、创新和提升。只有这样，我们才能为海外中国劳工构建一个全方位的安全保护网络。

为了提升海外劳工的保护水平，我们可以从多个方面入手。例如：加强与所在国的合作，建立协商机制，确保海外劳工受到法律保护，并提供相应的社会福利和安全保障；完善多部门协作机制，负责海外劳工的管理和保护工作，提供及时的援助和支持；加强海外劳工的培训和教育，提高他们的安全意识和自我保护能力；加强国际合作，积极参与国际劳工保护事务，推动国际社会制定更加完善和具体的海外劳工保护法律和规范。

通过这些努力，我们可以进一步提升海外中国劳工的安全保护水平，确保他们在海外工作和生活的权益得到有效保障，同时也为中国国际形象的建设作出贡献。

第七章 海外中国留学生的领事保护实践探析[*]

新冠疫情期间，海外中国留学生面临着生命安全、财产安全、教育安全等多方面的威胁。中国积极开展针对海外留学生的领事保护工作，包括派发"健康包"、安排包机接回国等。基于此，本章聚焦新冠疫情全球暴发初期海外中国留学生领事保护的实践情况，通过问卷调查与线上访谈的方法评析领事保护的实施效果，为进一步完善中国的领事保护机制提出参考建议。

第一节 海外中国留学生的领事保护实践

维护中国公民和法人在海外的正当权益，最重要的途径就是领事保护。本章聚焦海外中国留学生群体，结合实际情况，重点讨论领事保护的预防工作和应急协调情况。

一、海外中国留学生领事保护的预防工作

新冠疫情期间，中国领事保护的预防工作主要包括发布预警信息、

---

[*] 本章主要讨论新冠疫情期间海外中国留学生的领事保护实践。

优化求助渠道以及加强安全宣传教育三个方面，主要起到预警与安全提醒的作用。

（一）发布预警信息

新冠疫情期间，中国各驻外使领馆纷纷在微信公众号或官方网站发布防疫安全信息提醒。同时，很多驻外使领馆还举办了专题座谈会通报相关信息。2020 年 2 月 27 日，中国驻冰岛使馆召开华侨华人留学生新冠疫情专题座谈会，来自冰岛华人华侨协会、留学生联合会等团体侨学界代表 20 余人参会。① 另外，驻外使领馆还编译防疫相关指南，服务海外中国公民群体。比如，中国驻哥斯达黎加使馆对该国卫生部发布的《新型冠状病毒防疫指南》进行编译发放。② 中国驻巴西圣保罗总领馆结合领区疫情形势，编写了《旅圣中国公民防疫小贴士》，并发布在该馆官方微信公众号上。③ 驻外使领馆还通过学联及时了解学生的安全健康状况，及时发布涉疫情领事提醒。④

（二）优化求助渠道

2020 年 4 月 2 日，中国新闻网、中国侨网联合全球华文新媒体共同推出的同心战 "疫" 信息服务平台正式上线，有百余家海外华文新媒体参与其中。⑤ 中国驻加拿大蒙特利尔总领馆在原有领事保护应急处

---

① 《驻冰岛使馆举行华侨华人留学生新冠疫情座谈会》，http://www.chinaqw.com/hdfw/2020/02-27/247121.shtml。
② 《哥斯达黎加卫生部发布〈新型冠状病毒防疫指南〉》，http://www.chinaqw.com/hdfw/2020/02-19/246251.shtml。
③ 《巴西圣保罗确诊多例新冠肺炎 中领馆编写防疫贴士》，http://www.chinaqw.com/hdfw/2020/03-03/247587.shtml。
④ 《驻釜山总领馆举办"春节包"发放仪式暨留学生代表座谈会》，http://www.chinaqw.com/qwxs/2022/01-22/320346.shtml。
⑤ 《全球华文新媒体同心战"疫"信息服务平台上线》，http://www.chinaqw.com/hmpc/2020/04-02/252153.shtml。

置电话基础上，临时增设 1 条涉疫情咨询电话。① 中国驻英国使馆与四川大学华西医院共同打造了留英学子线上援助平台，通过系列线上讲座、在线医疗、心理咨询服务、发布医疗防护和心理健康资讯等方式，为留英学子"保驾护航"。②

（三）加强安全宣传教育

由教育部留学服务中心搭建的平安留学平台，自 2009 年起着力构建线上线下并举、国内外联动的行前培训工作机制。新冠疫情期间，该平台逐步完善，搭建了培训咨询、留学抗疫、安全警示、直播间、平安课堂、培训网点、留学梦七个频道，为广大中国留学生提供权威可靠的咨询和知识。③ 2020 年 6 月 8 日，中国驻日本新潟总领馆通过网络视频连线的方式举办首次线上"领保进校园"活动，来自东北大学、新潟大学、山形大学与福岛大学等领区 15 所高校约 100 位中国留学生参加。④ 中国驻比利时使馆专门拍摄了一段记录在比侨胞居家防护、团结抗疫的短视频，鼓励大家积极应对新冠疫情。⑤

二、海外中国留学生领事保护的应急协调情况

新冠疫情期间，中央政府、地方政府、驻外使领馆、企业、侨团及个人五个主体为保障海外中国留学生安全、维护海外中国留学生权益采取了一系列援助或保护措施。

---

① 《中国驻蒙特利尔总领馆临时增开涉疫情咨询电话》，http://www.chinaqw.com/hdfw/2020/04-08/252746.shtml。

② 《"留英学子线上援助平台"启动 为留学生"保驾护航"》，http://www.chinaqw.com/hqhr/2020/04-21/254153.shtml。

③ 《关于我们》，https://cgpx.cscse.edu.cn/palx/qt50/gywm62/index.html。

④ 《驻新潟总领馆举办线上"领保进校园"活动》，http://cs.mfa.gov.cn/gyls/lsgz/lqbb/t1787497.shtml。

⑤ 《携手抗疫 共克时艰——驻比利时大使馆发布抗疫视频》，http://www.chinaqw.com/hdfw/2020/04-08/252696.shtml。

（一）中央政府层面

在保护海外公民群体安全上，中国有五大举措：一是同驻在国政府外交、卫生、教育、警务、移民等部门保持密切联系，协调外方在签证延期、诊断救治和安全保障等方面向中国公民提供便利和协助。二是通过增设领事保护求助电话、建立微信群组等方式向海外中国公民群体提供更好、更及时的信息咨询服务。三是协助确诊或疑似感染的中国公民及时就医，持续跟踪治疗情况，敦促驻在国进行救治。四是针对一些新冠疫情严重国家，外交部等部门协调各方力量和资源，采取派出临时航班等方式，逐步、有序、多批次接回确有困难、急需回国的中国同胞。2020 年，除了确保商业航班不断航，中国还安排351 架次航班从意大利、英国、南非、伊朗等 92 个国家接回超过 7.3万名同胞，其中未成年的小留学生和暑期必须离校的留学生约 2.8 万人。① 五是重点关怀海外留学人员群体。② 中国发布的《抗击新冠肺炎疫情的中国行动》白皮书中指出，驻外使领馆通过各种渠道宣介新冠疫情防控知识，向留学生发放 100 多万份"健康包"。③

（二）地方政府层面

地方政府通过联系各方、收集防疫物资、展开针对性援助等措施，在信息发布、物资补给、关怀同胞等方面发挥着重要作用。一是信息发布与防疫提醒。湖北省武汉市侨联为侨界社团和相关人士发送《疫情中的法律问题》和《中国留学生疫情应对指南》。④ 广东省卫生健康

---

① 《向海外同胞伸出温暖有力的援手——2020 年疫情下中国外交领事工作》，http://www.chinaqw.com/hdfw/2020/12-19/280254.shtml。

② 《中方介绍为海外中国公民提供支持和帮助的五大举措》，http://www.chinaqw.com/kong/2020/04-22/254400.shtml。

③ 《中国驻外使领馆向留学生发放 100 多万份"健康包"》，http://www.chinaqw.com/hqhr/2020/06-07/259206.shtml。

④ 《湖北省武汉市侨联积极开展依法防疫和法治宣传工作》，http://www.chinaqw.com/gqqj/2020/04-15/253565.shtml。

委出台了《广东省清明祭扫期间新冠肺炎疫情防控工作指引》，劝导外籍华人、港澳台同胞、海外侨胞及在外教师、留学生、境外投资合作企业员工清明期间暂不返粤、不扎堆返粤，暂缓返粤祭祖探亲。① 二是协调各方与筹备物资。浙江省侨办、侨联组织将4556箱共26.4吨一次性口罩、N95医用口罩等防疫物资运往意大利，为海外侨胞（旅居意大利浙籍侨胞）抗击疫情提供了有力支援。② 在广东省侨办、侨联的指导和支持下，广东省欧美同学会青年分会执行会长刘根森捐赠了6000个一次性医用口罩，其他成员筹措了超过10 000件防疫物资，分别寄送给法国学联、英国学联、瑞士学联等留学生组织。③ 四川省侨联开展"侨爱心健康包""熊猫关爱——抗疫·川侨在行动""爱心护航行动"等系列抗疫公益活动，并组织了27.5万只口罩及价值20万元人民币的抗疫物资支援海外重点侨团。④ 三是搭建沟通互助渠道。在河南省委外办指导和支持下，建立了河南大学美国校友会"守护河南留学生群"、河南大学德国校友会"留德河南籍学生防疫抗疫群"；积极联系河南大学附属医院，邀请河南省抗疫一线有经验的主治医生进群指导科学抗疫，有针对性地授课，及时回答有关问题，缓解留学生恐慌情绪。⑤

（三）驻外使领馆层面

在新冠疫情防控期间，驻外使领馆始终发挥着上传下达、沟通各方、政策落实的作用。一是密切关注、跟踪被感染留学生情况。2020

---

① 《广东:劝导外籍华人、华侨、港澳台同胞暂缓返粤祭祖探亲》，http://www.chinaqw.com/qx/2020/03-18/250091.shtml。

② 《在意大利浙籍侨胞如何申领防疫物资? 这份流程请查收》，http://www.chinaqw.com/gqqj/2020/03-17/249869.shtml。

③ 《香江社会救助基金会为海外留学生捐赠抗疫物资》，http://www.chinaqw.com/gqqj/2020/03-30/251564.shtml。

④ 《四川省侨联与北美侨界召开视频交流会》，http://www.chinaqw.com/gqqj/2020/05-19/257242.shtml。

⑤ 《河南省委外办关爱豫籍海外留学生 做好防疫工作》，http://www.chinaqw.com/gqqj/2020/04-15/253535.shtml。

年2月18日，中国驻纽约总领事黄屏接受采访时表示，密切关注此前确诊感染新冠病毒的波士顿留学生。二是传达信息、保持沟通。截至2020年2月18日中午，中国驻纽约总领馆共接到500多名中国公民报备信息或求助，其中包括430多名自费留学人员（湖北籍学生306人）。① 此外，中国各驻外使领馆就是否考虑包机撤侨、留学生和家长的咨询等纷纷作出回应。三是协调各方、整合资源。2020年4月4日，应中国驻法国使馆邀请，上海新冠感染医疗救治专家组组长、复旦大学附属华山医院感染科主任张文宏教授与六位旅法中国留学生及华侨华人代表进行了一个半小时的直播连线。② 2020年4月23日，在中国驻澳大利亚阿德莱德总领事何岚菁的提议下，人民网澳新频道、人民视频组织了一场专门为留学生推出的澳新战"疫"公开课。邀请国内首位走进新冠感染病房的心理科医生肖劲松，以及澳大利亚资深律师孙晶及其团队为中国留学生解压，教大家在特殊时期如何稳固心理防线。③ 中国驻纽约总领馆向侨界发出帮扶海外中国留学生"爱心守护、同心战疫"倡议，纽约、波士顿、费城等多地侨团、机构和个人积极响应。截至2020年3月31日，80个侨团、130位侨领参与其中，开通130条热线求助电话，向包括港澳台留学生在内的领区中国留学人员提供帮扶服务，为留学生居家隔离、积极抗疫提供力所能及的帮助。④ 四是物资筹备、协助回国。新冠疫情期间，驻外使领馆组织了多批次的"健康包"赠送活动，英国、沙特、苏丹、葡萄牙、柬埔寨、巴拿马、老挝等国家或地区的留学生收到使领馆派送的防疫物资。五是实施"春苗行动"、守护健康。"春苗行动"于2021年3月在迪拜

---

① 《中国驻纽约总领事介绍近期抗击新冠肺炎疫情工作》，https://www.chinaqw.com/hdfw/2020/02-19/246280.shtml。

② 《法国疫情"至暗时刻"张文宏连线支招引侨学界热议》，http://www.chinaqw.com/hqhr/2020/04-06/252465.shtml。

③ 《澳新战"疫"公开课 中国专家与澳律师团队为留学生解压》，http://www.chinaqw.com/hqhr/2020/04-24/254644.shtml。

④ 《中国驻纽约总领馆发出倡议 侨界积极响应帮扶留学生》，http://www.chinaqw.com/hdfw/2020/04-02/252044.shtml。

启动，是中国政府推出的为海外中国公民接种新冠病毒疫苗的计划。截至 2021 年 7 月，"春苗行动"已协助超过 170 万海外中国公民在 160 多个国家接种中外新冠病毒疫苗，为维护海外中国留学生的健康安全筑起了"防火墙"。①

（四）企业层面

一是打通互助渠道、搭建沟通平台。匈牙利华人中医师、匈牙利东方国药集团创始人陈震，通过"陈博士药房"系列，在脸书、微信等社交媒体平台上，为匈牙利民众及中国公民提供免费服务。② 二是整合资源、筹备物资。2020 年 3 月，上海义达国际物流公司制定了公益活动方案，成立 300 万元专项基金，免费为 3 万海外留学生每人提供 20 个口罩，并邮寄到每个留学生手中。③ 与此同时，浙江省慈善联合总会联手浙江企业向海外侨胞抗疫关爱基金捐款 500 万元。该基金由浙江省侨缘会设立，首期 1000 万元资金用于援助意大利、西班牙、法国、德国、英国、荷兰、比利时、葡萄牙、奥地利、美国等十个国家中因新冠疫情导致生活困难的浙籍侨胞和留学生等群体。④ 2020 年 4 月，中国建设银行东京分行通过中国驻日本使馆向在日中国留学生捐赠 5 万只爱心口罩。⑤ 与此同时，CHI 集团会长露崎强，以低于成本价的每天 3000 日元（含税）的标准把自己集团名下的六家酒店提供给因新冠疫情滞留在日本的中国留学生居住。为了防止感染，所有入住的

---

① 《"春苗行动"已协助超 170 万海外中国公民接种新冠疫苗》，http://www.chinaqw.com/hqhr/2021/07-09/301379.shtml。

② 《匈牙利中医师建百余个"抗疫微信群"为侨胞和留学生提供中药包》，http://www.chinaqw.com/sp/2020/04-02/252103.shtml。

③ 《上海公司向海外留学生捐赠口罩 直接邮寄到学生手中》，http://www.chinaqw.com/hqhr/2020/03-26/251223.shtml。

④ 《浙江设首期 1000 万元海外侨胞抗疫关爱基金 援助困难侨胞》，http://www.chinaqw.com/qx/2020/03-31/251679.shtml。

⑤ 《中国建设银行向在日留学生捐赠爱心口罩》，http://www.chinaqw.com/hqhr/2020/04-08/252664.shtml。

中国留学生都享有单人单间的待遇。①

（五）侨团及个人层面

一是加强信息传达、稳定留学生群体情绪。2020年3月，内蒙古侨联发表《致内蒙古籍海外侨胞、留学生的一封信》，向海外侨胞和留学生助力家乡抗击新冠疫情的行为表达感激之情，同时叮嘱他们做好个人防护。② 二是拓宽求助与沟通渠道。全美浙江总商会紧急成立防疫应急专委会，开通抗疫应急协助热线，并将热线取名为"LUCKY"（"幸运"）。在热线服务的基础上，全美浙江总商会与温州市留学人员和家长联谊会联合了美国东西中部近百所大学的中国学联，组建了"全美浙商-全美学联抗疫联盟"，为在美中国留学生提供四大服务：发放免费防疫用品，帮助离校学生安排住宿，为学生留守和返乡提供指南，提供远程医疗咨询服务。③ 意大利米兰侨界组织开办了"网上方舱医院"，为在意侨胞提供线上医疗服务，通过小程序，短短20小时左右就收到400多位侨胞的求助信息。④ 三是整合资源、筹备物资。2020年3月，意大利的中国留学生孙雯在意大利封城时期收到邻居华侨同胞赠送的"大礼包"，里面包括食物和防疫物品。⑤ 2020年4月，深圳市侨商关爱公益基金会向德国、瑞士、澳大利亚、美国、英国等国的华侨华人、留学生、国际友人累计捐赠1万个防护口罩、5000个KN95口罩。⑥ 与此同时，老

---

① 《华企代表伸援手 让在日本中国留学生有"家"可归》，http://www.chinaqw.com/hqhr/2020/04-01/251985.shtml。
② 《内蒙古侨联发表〈致海外侨胞、留学生的一封信〉》，http://www.chinaqw.com/gqqj/2020/03-10/248497.shtml。
③ 《在美华商开通抗疫应急协助热线帮助中国留学生》，http://www.chinaqw.com/hqhr/2020/04-02/252056.shtmll。
④ 《意大利侨胞自建"网上方舱医院"：专家视频问诊》，http://www.chinaqw.com/sp/2020/04-10/252976.shtml。
⑤ 《米兰"封城"中国留学生收到华侨邻居的"大礼包"》，http://www.chinaqw.com/hqhr/2020/03-14/249480.shtml。
⑥ 《中国地方侨界等多方开展对外援助及线上咨询》，http://www.chinaqw.com/gqqj/2020/04-04/252421.shtml。

挝中华总商会、中国总商会、亚太卫星、工行分行联手，为留学生送去"爱心餐"、上网卡，为专家和教师们提供口罩、消毒液。① 2020 年 11 月，在美华侨华人还组成维权联盟，抵制歧视活动，建立 SOS（紧急呼救信号）互助微信群等。②

总的来说，新冠疫情期间，中国的领事保护不仅做好了基本工作，如重要信息传达、安全提醒、特殊情况跟进处理、包机撤侨等，还不断创新以适应新形势新需求，比如增设服务热线或求助平台、发放"健康包"、实施"春苗行动"等。这次抗疫行动充分展现了中国"五位一体"应急协调机制的有效性。其中，中央政府始终发挥着统筹协调的作用；各地方政府和驻外使领馆上传下达，努力筹备物资，落实好外交为民的领事保护工作要求；华侨华人积极抱团互助，凸显中国人的团结精神与互助意识。

第二节　海外中国留学生领事保护工作的成效

本章采取问卷调查与线上访谈的方式，评估新冠疫情期间海外留学生领事保护工作的成效。剔除无效问卷后，共回收有效问卷 201 份，平均答题时长为 3 分 54 秒，符合预期答题时间，问卷可信度较高。③ 其中，参与调查的有 65 名留英学生、43 名留美学生、38 名留澳学生、31 名留日学生、13 名留新（新加坡）学生和 11 名在其他国家的留学生。样本总共囊括 14 个国家，涵盖亚洲、欧洲、大洋洲与北美

---

① 《驻老挝大使就疫情联防联控同中企和华侨华人座谈》，http://www.chinaqw.com/hdfw/2020/04-10/252988.shtml。

② 《坚决抵制种族歧视 华人华侨维权声音更响亮》，https://www.chinaqw.com/hqhr/2020/11-21/277072.shtml。

③ 调查问卷旨在对新冠疫情期间海外留学生领事保护工作成效进行调查,内容涉及留学生基本信息、留学生领事保护现状、新冠疫情期间领事保护措施的参与情况与评价。问卷发放时间为 2020 年 6—7 月,在"问卷网"完成问卷设计后主要通过微信朋友圈、新浪微博、留学生朋友的留学生圈子等渠道发放。除部分已归国留学生外,问卷均通过互联网协议（IP）地址确定其有效性。

洲，基本符合中国留学生海外留学目的地国分布情况。调查对象的年龄集中在 18—30 岁，如图 7-1 所示；绝大部分学生留学时间在 2 年以内，如图 7-2 所示。此外，还邀请了 25 名海外留学生参与线上访谈，受访者的留学所在国主要为美国、英国与法国。下面，将根据问卷调查与访谈结果对本次领事保护工作进行效果评析。

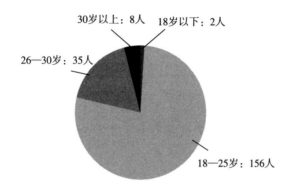

图 7-1　受访者年龄构成情况

资料来源：作者自制。

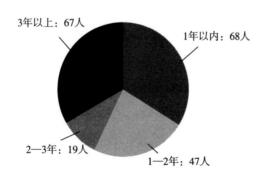

图 7-2　受访者留学时间情况

资料来源：作者自制。

一、领事保护措施宣传有力，但落实范围欠缺广度

本章选取了关于海外留学生领事保护的几个重点措施的实施情况进行调查，包括派送"健康包"、组织包机回国、召开座谈会、开展视频会议/对话、线上问诊与线上心理咨询。如图 7-3 所示，参与调查的

201 名学生中，90%左右的受访者听过"派送'健康包'"，60%左右的受访者听过"组织包机回国"，将近 40%的受访者听过"线上问诊""线上心理咨询""开展视频会议/对话"，不到 30%的受访者听过"召开座谈会"。因此，受访者基本知晓新冠疫情期间中国开展的主要领事保护措施，这说明疫情期间的领事保护措施宣传力度足，尤其是"派送'健康包'"。此外，如图 7-4 所示，约 70%的受访者参与过"派送'健康包'"，约 5%的受访者参与过"开展视频会议/对话"，约 4%的受访者参与过"线上问诊"，3%左右的受访者参与过"组织包机回国"，而参与过"召开座谈会""线上心理咨询"的受访者不足 2%，以上领事保护措施都没有参与过的受访者约 30%。因此，相比"派送'健康包'"，其他领事保护措施的落实不尽如人意，即援助效果不够理想。

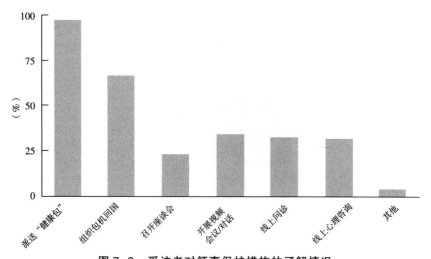

图 7-3 受访者对领事保护措施的了解情况

资料来源：作者自制。

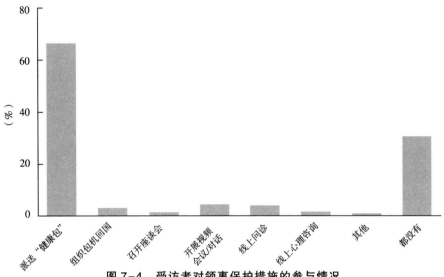

图7-4　受访者对领事保护措施的参与情况

资料来源：作者自制。

二、留学生组织和志愿者主体性作用凸显

随着多元主体参与的应急协调机制的不断发展，中央政府、地方政府、驻外使领馆、企业、侨团及个人在本次领事保护中发挥了重要作用。值得注意的是，参与本次领事保护中的主体还包括留学生组织，并且受访者对此主体的印象最深刻，其次是驻外使领馆、中央政府、侨团及个人，以及地方政府，如图7-5所示。通过访谈了解到，留学生组织主要在"派送'健康包'"环节中发挥着重要作用。"4月2日，熟人告知日本关西地区学友会的公众号上有'健康包'发放的消息。""爱丁堡大学学联大概在3月25日组织'健康包'的事情。它发了推送，让我们去填写一个申请表，然后我们等着就行了。'健康包'大概是在4月10日送到。学联统一领好后，由片区社区志愿者发给那个片区所管辖的人。"关于留学生组织的工作效果，有留英学生认为，"布里斯托学联在整个'健康包'（派送）的过程中做得都挺好的，流程很清晰"。还有的认为，"隔离做得很好，人流量控制得很好，他们学生会很辛苦地在工作"。总体上，20多名收到"健康包"

的被访学生都认可留学生组织或留学生志愿者参与的领事保护工作，并对他们表示感谢。

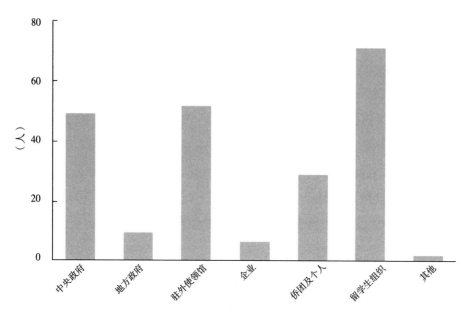

图 7-5　让受访者印象深刻的领事保护主体情况

资料来源：作者自制。

三、多元主体参与领事保护工作的协调性待加强

本次领事保护涉及的措施较多，但调查情况显示受访者在"派送'健康包'"上体会更加深刻。综合媒体报道与访谈得知，在"健康包"发放过程中，首先是外交部联合各具体部门，比如交通运输部等，将防疫物资运送到指定的驻外使领馆，其次是由使领馆自行收集信息完成派送，或是和当地的留学生组织、留学生志愿者组织等联系，由学生组织进行信息收集与具体的派发工作。比如，中国驻比利时使馆全馆动员，在防疫物资抵馆当天即以"流水线"方式完成 2250 个"健康包"分装任务，次日组织配送，两天内将"健康包"送到学联在 11 座城市设定的 61 个发放点，然后使馆将 95% 的"健康包"交由

学联和志愿者直接发放，确保"健康包"快速到位。① 但是受访者对于有关主体的实际工作协调性看法不一。比如：在法国留学的受访者认为，"使馆那边应该是没和法国（政府）沟通好，刚开始发口罩的时候，有学生还差点被抓了"。在美国留学的受访者认为，"负责派发'健康包'的学生组织需要统计学生信息，根据上报信息，（使馆）告诉我们能够分配多少，挺辛苦的，然后去找华人外卖公司派送，这都是学生组织自己搞的"。在英国留学的受访者说，"协调方面，都是第一次，还是有不好的地方，'健康包'派送蛮久的"。同在英国留学的受访者认为，"使馆和学生组织的联系还可以更紧密，'健康包'派送从登记到运送再到领到手花了快两个月"。总体来看，在美国留学的多数受访者表示，在派送过程中需要学生组织自行联系派送公司。根据访谈获知，负责"健康包"发放的是一家名叫"熊猫外卖"的华人中餐、中超外卖公司，并且是公益派送的性质。使领馆在协调留学生组织开展工作上发挥的作用相对单薄，一定程度上不利于"健康包"更好更快地发放。在英国留学的受访者对主体间的工作协调情况基本持认可态度，但也指出存在"健康包"发放滞后的问题。

此外，驻外使领馆与其他主体的协调也有积极的一面。在法国留学的受访者说："如果你感染了新冠病毒，可以联系使领馆，通过使领馆联系中国医生。我认为，华人感染新冠病毒的情况比较少的原因是，背后依靠着一个强大的华人社团。"在英国留学的受访者说："使领馆和地方政府有组织回山东、上海、河南的包机，意大利也有很多商团组织飞温州的包机，留学生包机这块，领事馆参与得比较多。"海外留学生或多或少都能感受到使领馆与其他主体如侨团、地方政府联合开展的领事保护措施，但这些措施面向的是该国或地区的广大中国公民群体，很少是专门针对留学生的。因此，大部分留学生对侨团、地方政府的参与情况了解不多。总体来看，多元主体参与的领事保护机制

---

① 《中国驻外机构向同胞发放"健康包""爱心包"》，http://www.chinaqw.com/hqhr/2020/04-26/254885.shtml。

中的各主体能够发挥各自优势，但其中的协调性、合作的深度与广度还有待加强。

四、对领事保护措施的评价总体向好

问卷调查显示，134 名拿到"健康包"的受访者对该项领事保护措施的评价平均分为 4.39 分（总分 5 分，分数越高表示越满意），6 名享受包机回国服务的受访者对该项领事保护措施的评价平均分为 4 分，3 名参与了座谈会的受访者对该项领事保护措施的评价平均分为 4.33 分，9 名参与了视频会议/对话的受访者对该项领事保护措施的评价平均分为 4.11 分，8 名参与了线上问诊的受访者对该项领事保护措施的评价平均分为 4.5 分，3 名参与了线上心理咨询的受访者对该项领事保护措施的评价平均分为 4.33 分。总体来看，参与各类领事保护措施的受访者对领事保护措施实施情况的评价在中上水平。

在实际访谈过程中，有的受访者对其中部分领事保护措施的评价不高。"我使用过线上问诊的服务，确实回复很快，但是你问有没有帮助，我会说，帮助不是特别大。""线上问诊没有太大作用。我之前遇到一个学生，他感染了，然后向领馆请求叫救护车，但是没有办法（叫到救护车），后来只能靠线上问诊解决。但是除了建议多喝水多排毒、服用一些感冒药外，我觉得没有多大的作用。并且，寻常的医疗措施我们可以自己在网上搜到。""线上心理咨询很有必要，但是效果有待加强。不过有总比没有好，如果能够持续进行还是很有意义的。"

值得注意的是，问卷调查中获得较高评价的"健康包"服务在实际访谈过程中也获得较好的反映："'健康包'让我蛮感动的。""'健康包'挺好的，因为我的一些韩国、日本的朋友都没有这些东西。""因为有'健康包'，感觉到国家还惦记着我们海外留学生。""'健康包'配得挺全的，不仅有口罩（普通口罩和 N95 口罩），还有连花清瘟胶囊之类的。""有种被支援了的感觉。"当然，也有个别受访者认为物资准备齐全，对"健康包"需求不大。不过，总的来看，无论是参与问卷调查的还是接受访谈的留学生，他们都对派送"健康包"这项领事保护措施评价较高。

第三节　完善海外中国留学生领事保护实践的对策建议

基于研究发现，结合问卷调查结果与访谈内容，本章从预防与应急协调两个方面，为更好地完善海外中国留学生领事保护实践提出对策建议，助力中国领事保护工作的开展，推动中国在海外留学生权益维护工作上更进一步。

一、预防机制的完善

（一）完善海外中国公民信息登记制度

中国外交部领事司 2013 年建立中国公民出国自愿登记制度，并开发网上登记系统，旨在了解出国旅行的中国公民的基本情况，及时为他们推送各类安全提醒信息，在紧急情况发生时与他们取得联系，必要时为他们提供领事保护与协助。① 一般而言，海外中国留学生应当在此系统上进行信息登记，以便后续领事保护工作的开展。但是，如图7-6 所示，201 名受访者中仅有 93 名进行了信息登记，3 名没有进行信息登记的受访者表示"没有必要"，105 名受访者"不清楚信息登记是什么"，这反映了该信息登记制度普及度不高。我们建议：一是呼吁海外中国公民及时进行信息登记，以使驻外使领馆尽可能全面地掌握情况，以备不时之需；② 二是妥善运用信息登记制度，打通驻外使领馆与海外留学生个体之间的联系渠道，提高信息传达的及时性与普及性，

---

① 《出国及海外中国公民自愿登记》，https://ocnr. mfa. gov. cn/expa/。

② 受访者表示："我自己的体会就是，我去了英国之后，发现很多信息填报或者收集都是我自己去找到的，领事馆那边并没有发通知要求填写或上报什么信息。导致的后果就是，我有同学没有及时收到领事馆的信息，很多东西就没有填。新冠疫情暴发后，也是我们自己去寻找链接填学生信息的。我觉得领事馆可以强硬一点，相对比较强制性地把信息收集到，不敢说效果，但至少会让我们自己感到安心一点。"

为开展各类领事保护工作奠定基础。

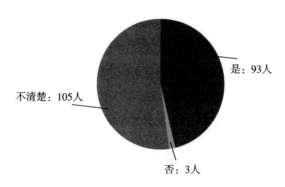

图 7-6　海外中国公民信息登记情况

资料来源：作者自制。

（二）加强对海外中国留学生的领事保护培训

调查显示，201 名受访者中有 15 名学生曾经寻求过领事保护，内容涉及办证服务、留学过程中的纠纷、人身财产安全受到侵害以及归国请求。同时，对领事保护的评价中，受访者普遍对办证服务类评价较高，平均分为 4 分（总分 5 分）。受访者对包机回国的评价为 2—4 分不等，而其中 2 名受访者给解决留学过程中的纠纷评了 1 分，1 名受访者给解决人身财产安全问题也评了 1 分。一方面，这说明中国需要加强海外留学生权益维护工作，尤其是要重视解决留学过程中的纠纷；另一方面，中国海外领事保护工作的实际效果还有待提升。此外，为了更好地开展海外领事保护工作，让海外留学生更快地识别冲突或纠纷、及时寻求领事保护，中国要加强对有关海外留学生领事保护的培训工作。201 名受访者中只有 11 名接受过有关领事保护的专门培训，其中 5 名受访者表示接受过留学机构的培训，3 名受访者参加过领事保护进校园活动，2 名受访者进行过自发网络学习，还有 2 名受访者分别参加过法国驻广州总领馆的留法行前准备会和国家留学基金管理委员会的培训。总体来看，中国仍需加强对海外留学生领事保护培训方面的工作。因此，我们建议：一是继续开展领事保护进校园活动，提高高校领事保护培训普及率；二是地方政府部门如外办可以考虑与留学机构开展培训联动，使领事保护培训常态化、机制化；三是将领事保护培训系统化，打造从中央到地方、地方到高校、地方到留学机构一体化的培训模式；四是积极利用各种多媒体资源开展线上领事保护培训，适应大多数年轻人的学习与生活习惯。

（三）搭建广阔有效的信息联通渠道

如图 7-7 所示，受访者在新冠疫情期间主要通过"留学生圈子"了解各类相关信息或安全提示，其次是"微信朋友圈""自媒体公众号""官方微信公众号""所在学校圈子""官方网站""朋友""家长、亲属""官方新浪微博"，最后是"短信"。这既说明增强与留学生的信息互通需要从非官方层面切入，尤其是留学生群体的生活圈，也说明当前官方渠道或平台的局限与不足。不少受访者指出官方信息发布存在的不足："在信息宣传方面，中国驻当地使领馆发布的信息都很官方，基本没有贴近生活，感觉和我们有点不接轨。""领事馆的网站、公众号有待完善，当时我想填写学生登记的信息，但是网站一直打不开。"此外，由于海外中国留学生所在国的疫情发展阶段不同，采取的防控措施也不同；加之海外中国留学生处境不同，需求也存在差异。① 所以，做好信息精准推送是领事保护工作的重要方向之一。因此，我们建议：一是和当地留学生组织保持密切联系，形成有效的长期互动机制；② 二是打造官方—父母—留学生联系链条，提高信息传达效率。③ 三是完善各官方渠道，科学管理各个栏目或子菜单，打造贴近生活实际的官方平台；四是组建专业团队，优化平台建设，尽可能避

① 《海外疫情蔓延多少留学生确诊？官方释疑》，http://www.chinaqw.com/hqhr/2020/04-02/252122.shtml。

② 受访者表示："和当地华侨华人社团和社区加强合作，深入当地华侨华人或留学生的圈子，通过圈子发挥影响力和作用。"

③ 受访者表示："我认为，使馆也许可以多和家长联系，把信息传递给家长年龄层的人更方便一点。相对来说，年轻人利用这种信息渠道的可能性还是比较低。"

免技术性问题；五是运用大数据与算法收集海外留学生面临的困难和挑战，通过精准推送的方式让更多信息传达到他们手中，并通过精准对接需求解决相关问题。

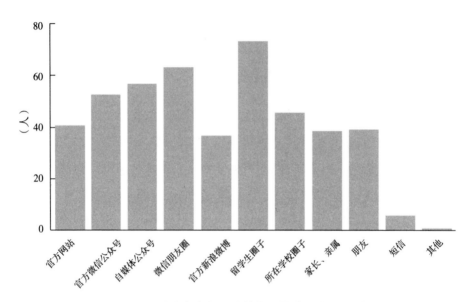

图 7-7　受访者在新冠疫情期间接收信息的渠道

资料来源：作者自制。

二、应急协调机制的完善

（一）提升驻外使领馆的工作效能

关于"健康包"发放的领事保护措施，不少受访者表示，使领馆在与学生组织、当地政府的联系沟通等方面还存在不足，导致出现"健康包"发放滞后、学生因发放物资被抓等问题。外交部领事司（领事保护中心）作为外事工作的职能部门，发挥着落实政策、制定方案的作用，而地方政府与驻外使领馆则是在实施方案。驻外使领馆既应是"眼睛"和"耳朵"，也应是"手"和"脚"。因此，我们建议：驻外使领馆应当强化对危机事件/突发事件的评估，加深对海外中国公民境遇的了解，积极协调各方，努力解决领事保护工作中出现的各种问题，提升工作效能。

（二）重视留学生组织和志愿者在领事保护工作中的作用

在本次领事保护工作中，留学生组织和志愿者在发放"健康包"与信息互通上发挥着重要作用，很大程度上是本次派发"健康包"的主力军。他们创建信息收集表、主动联系派送公司、组建专门派送队伍、组织针对性派送……充分证明了留学生组织和志愿者是参与领事保护工作的重要主体。因此，我们建议：一是驻外使领馆与留学生组织如学联、志愿者团队等保持密切联系，建立长期稳定的沟通渠道；二是针对海外留学生领事保护工作，将留学生组织纳入领事保护机制主体中，形成中央政府、地方政府、驻外使领馆、企业、侨团与留学生组织六个主体协同开展领事保护的新型工作机制；三是各驻外使领馆安排专人负责与留学生组织的对接工作，加强主体间的协调性与工作稳定性。

（三）推动多元力量参与领事保护工作

除了前面提到的留学生组织和志愿者是开展领事保护工作的重要力量外，地方政府、侨团、企业甚至是专家个人等都是可以调动的资源与力量，他们在新冠疫情期间为维护海外留学生权益作出了积极贡献。当地侨团能够利用人脉资源迅速组建互助微信群，进行结对帮扶，及时传达官方信息，承担一定的辟谣任务。有实力的侨团还积极筹备防疫物资供留学生使用。地方政府也联合当地侨团或国内抗疫专家，为留学生派发防疫物资、提供心理咨询、组织防疫指导视频讲座等。这些都有效弥补了驻外使领馆在人员安排与经费支出方面的不足。因此，我们建议：调动各方力量参与领事保护工作，继续完善全方位多主体的、适应新形势新需求的领事保护应急机制。

（四）创新领事保护工作内容

在新冠疫情期间，最值得称赞的是"派送'健康包'"。不少受访者都表示，相比于"线上问诊"或"线上心理咨询"，"派送'健康包'"更实际，也更有效。尽管在派送时长上还有待优化，但受访者的直观感受是"很感动""被支援了""国家还惦记着我们"。同时，也有受访者表示，"我的韩国、日本朋友都没有"。这说明中国领事保护工作在新冠疫情期间积极创新，真正切合海外留学生所需，做到了以人为本、外交为民。但是，一些常态化的领事保护工作还存在一些不足，比如没有很好地解决小部分留学生群体"迫切需要回国却回不了国"的需求。① 因此，我们建议：一是继续完善创新型的领事保护工作机制，努力满足海外公民所需所急，增强海外留学生对国家和政府的信心；二是打通各类反馈渠道，倾听海外公民的声音，努力补齐短板与不足，让领事保护工作更上一个台阶。

本章小结

综合媒体报道和问卷调查得知，新冠疫情期间，中国切实开展各类领事保护工作，在现有领事保护机制框架下探索创新，开创出"派发'健康包'""云问诊""云视频"等新型领事保护举措，更好地满足海外留学生群体所需。为评估本次领事保护工作的效果，本章通过网络问卷与线上访谈收集样本数据，经分析发现，当前领事保护机制在创新工作内容、发挥多主体力量、重视留学生组织和志愿者方面做得很好，但也存在领事保护培训不够、信息传达普及性不高、各主体间协调性欠缺等问题。对此，我们希望能够继续完善预防机制和应急协调机制，更好解决信息发布、瞄定需求、精准解决、多元参与的问题，更加务实地开展领事保护工作，为包括海外中国留学生群体在内的海外中国公民保驾护航。

---

① 受访者表示："我觉得领事保护应该更加关心想回国但没办法回国的同学,他们应该是最苦恼的,但这方面我也不知道具体能有哪些措施,比如给他们提供更多的航班信息,或者搭建互助渠道。"

结　语

当今世界正经历百年未有之大变局，俄乌冲突等地缘政治动荡延宕、全球贸易保护主义兴起等多重因素交织叠加，全球政治、经济、社会和文化发展面临的矛盾冲突与风险隐患急剧增多。虽然新冠疫情已过，但世界各种问题错综交织，国际政治经济前景堪忧。随着特朗普开启第二任期，各种"退群""脱钩""断链"等举措层出不穷，不仅给国际秩序发展带来诸多不确定性，也给多国国内政治、经济、社会发展带来新的冲击。这些都给广大海外中国企业和中国公民的生存发展环境与生命财产安全等方面带来诸多影响。

与此同时，中国融入世界的国际化进程不断加快。而世情国情侨情的变化也对作为中国海外权益承载者、拓展者和保护者的海外中国企业和中国公民安全带来风险和挑战。一是经济风险方面，新冠疫情期间，海外中国企业和广大华商经济遭遇重创，产业链供应链和市场都受到了冲击，华商财产安全也遭受威胁。二是政治风险方面，地缘政治与经济格局的变化导致大国之间竞争加剧，外国政府内外政策调整直接或间接波及海外中国企业和中国公民权益。三是社会风险方面，海外中国企业和中国公民安全面临着制度化和非制度化的难题。结构性排华现象有所抬头，歧视事件时有发生。俄乌冲突导致地缘政治不确定性增加，欧洲地区安全形势更加严峻，也影响在欧华侨华人生产经营和社会生活环境。四是制度风险方面。中国运用国际制度维护海外权益的意识和能力有待提升。近年来，以美国为首的个别西方国家或退出相关国际组织，或不履行相关责任义务，对国际制度和国际秩序的稳定发展带来不利影响，也对中国海外权益维护带来诸多不确定性。此外，其他风险方面，自然风险、恐怖主义风险、战争风险、卫生风险等因素交错叠加，也给海外中国企业和公民的人身财产安全等带来威胁。

如前文所述，当前中国在海外中国企业和中国公民权益维护机制建设方面不断创新，取得了诸多成绩，海外中国企业和中国公民的正当权益得到进一步有效维护。同时，还存在一定问题与不足，值得进一步延伸思考，主要体现在以下方面：一是有些机制还需进一步理顺，部门之间需加大协调和统筹力度。二是海外保护行动能力有待加强，风险防范、安全宣传、教育培训、应急处置等方面还需做细做实。此外，从长远看来，国际体系层面面临的权力困境、制度困境和文化困境是中国海外权益的根本威胁。其中，权力困境要求中国在维护海外权益时既要提升自身综合实力，又要消减国际体系的压力和其他国家的疑虑；制度困境则需要中国在维护海外权益时既要以国际制度为合法框架、战略平台，又需应对国际制度合法性、有效性不足等缺陷对中国海外权益的限制；文化困境要求中国在维护海外权益时既应加强与他国的文化交流，提升国家形象、增进国际认同，又要减少文化差异、文化冲突的消极影响。①

党的十八大以来，以习近平同志为核心的党中央坚持以人民为中心的发展思想，切实维护海外中国企业和中国公民合法权益，在生命安全、人身安全、经济安全、社会安全等方面不断构建完善保护体系，取得了显著成效。但面对纷繁复杂的国际国内环境，国家不仅需要从更加全面宏观的战略视角出发不断完善保护体系，提升自身能力，还

---

① 王发龙:《中国海外利益维护的现实困境与战略选择——基于分析折中主义的考察》，载《国际论坛》，2014年第6期，第30—35页。

要与外国政府、企业和公民个人、社会组织等多元主体共同协作，进一步推动海外中国企业和中国公民权益维护工作。

第一，制度体系方面，以总体国家安全观为指导，系统规划海外权益维护体系建设，加强海外权益维护制度化、规范化、专业化建设。政府需从观念认知和制度合作的战略高度出发，从调控海外权益拓展方向和速度、降低风险强度和权益维护着手，将海外权益维护的战略设计、风险预防和权益诉求相结合，形成海外权益维护的前期引导、中期预防和后期保护三个阶段性能力，从而构建海外权益维护机制。① 在海外权益维护的布局上，应抓好国内与国外的统筹，有"点"有"面"，局部与总体结合；在海外权益维护的目标确认上，应抓好经济与安全问题的统筹，既要重视经济收益又不能忽视安全问题；在海外权益维护的主体地位上，需要做好官方和民间共同参与的统筹。②

第二，中外政治互信方面，需高瞻远瞩，通过多渠道进一步增进与各国之间全方位的交流和互利合作，倡导世界多极化和多边主义，为海外中国企业和公民发展营造良好环境；妥善处理意见分歧，在尊重各自重大核心利益的基础上，积极寻求更加有效的解决办法，避免矛盾和冲突加剧；正面引导侨胞融入当地、贡献居住国的同时，促进中外政策沟通和民心相通；加强与当地其他相关非政府组织以及国际移民组织等的联系与合作，共同增强话语权，推动权益维护。

第三，经济方面，构建海外经济权益维护的体制机制，加强相关法律制度与国际机制的建设，推动海外中国企业和公民个人融入所在国或地区经济，设立和完善海外投资保险制度。海外中国企业和华商应做好充分准备，主动调整经营模式，融入当地经济，谋求合作共赢；拓展行业领域，预判、规避未来可能面临的经济风险。建议相关部门

---

① 肖晞、宋国新：《中国"一带一路"建设中海外利益的脆弱性分析与保护机制构建》，载《学习与探索》，2019 年第 5 期，第 36—45 页。

② 梅建明：《论新时期中国海外利益保护面临的挑战与对策》，载《中国人民公安大学》（社会科学版），2015 年第 9 期，第 1—7 页。

进一步引导协助海外中国企业和华商企业规范经营和转型升级，学习了解当地政策发展变化，探索掌握线下线上多元运营模式，加强华商间及其与当地企业间的合作，拓展产业链供应链；依法自律转变经营模式，摒弃灰色经济，提升自身素质，积极加入当地行业协会和工会组织，增进交流与合作共赢，消解经济摩擦和报复打击；抓住国外经济复苏和结构调整契机和共建"一带一路"发展的重要机遇，做好布局，努力对接中外市场，凸显华商独特的桥梁作用。

第四，海外安保力量整合方面，推动政府与民间协同合作。在海外权益维护上，中国民间力量缺乏自我维护能力，对政府有较强的依赖性，难以成为应对海外权益威胁的独立力量。为此，国家需构建一套以政府为主导、以民间力量为辅助的多层级海外权益维护体系机制，在风险预警、危机管理、安全保障方面为民间力量提供管理和服务，增强"以民促官、官民结合"的海外权益维护合力。[①] 构建中央、地方、驻外使领馆、企业、媒体、（安保、救援、保险等）市场、社会组织与公民个人"多位一体"的大领事格局与综合保护体系。侨团是海外华人社会"三大基石"之一，是维护华侨华人权益的重要力量，可以发挥其独特资源优势协助承担风险评估、安全预警、预防宣传及应急处置等职能，参与领事保护工作。相关部门可进一步加强和谐侨团建设，建立健全侨团长效化联系机制，搭建信息共享平台，建设侨团信息数据库，搭建长效面广的海外华侨华人服务平台；借助侨团力量，建立健全领保联络员及安全联防机制，构筑海外安全顾问网络，建立起以友好侨团为主的民间安保队伍；提升侨团海外权益维护能力建设和维护效力。

第五，社会舆论方面，加强国际话语权的构建，提升对外宣传的能力和传播技巧，树立海外中国企业和中国公民的良好形象。企业和公民个人的良好形象一方面在于企业和公民个人在所在国的负责任行

---

① 王发龙:《美国海外利益维护机制及其对中国的启示》,载《理论月刊》,2015 年第 3 期,第 179—183 页。

为，另一方面也在于企业和公民个人的主动塑造。① 要充分发挥新媒体
和大数据作用，构建海外中国企业和中国公民动态信息分析体系，为
维护海外中国企业和中国公民权益创造健康环境。相关部门应提升侨
务公共外交艺术，树立海外中国企业及侨胞正面形象；支持侨胞积极
与当地主流媒介合作，增设双语版块和栏目，加强侨胞正面形象宣传
和舆论引导；引导海外中国企业与侨胞内部开展多渠道的信息交流，
抱团互助，同时借助各类媒体平台与当地社会进行互帮互助。此外，
加强国际文化的传播和交流，增强海外权益维护的文化认同。"国家在
互动之前，没有认同，没有利益。"② 文化传播是塑造国家形象、增进
国际认同的重要途径。相关部门需加强中国优秀文化海外传播，传达
中国政府促进共同发展的友好愿望，及时化解矛盾，对外塑造良好的
公民形象、企业形象、国家形象。③ 此外，要支持海外侨胞积极拓展社
交，加强对当地文化学习，注重与其他族群的和谐共处；增强国家公
民意识，回馈奉献当地社会，塑造侨胞正面形象。

---

　① 陈积敏：《论中国海外投资利益保护的现状与对策》，载《国际论坛》，2014 年第 5 期，第 35—40 页。

　② Jonathan Mercer，" Anarchy and Identity"，*International Organization*，Vol. 49，No. 2，1995，p. 235.

　③ 吕晓莉、徐青：《构建中国海外利益保护的社会机制探析》，载《当代世界与社会主义》，2015 年第 2 期，第 134—139 页。

附录一 《中华人民共和国领事保护与协助条例》

<hr/>

中华人民共和国领事保护与协助条例①

第一条 为了维护在国外的中国公民、法人、非法人组织正当权益，规范和加强领事保护与协助工作，制定本条例。

第二条 领事保护与协助工作坚持中国共产党的领导，坚持以人民为中心，贯彻总体国家安全观，加强统筹协调，提高领事保护与协助能力。

第三条 本条例适用于领事保护与协助以及相关的指导协调、安全预防、支持保障等活动。

本条例所称领事保护与协助，是指在国外的中国公民、法人、非法人组织正当权益被侵犯或者需要帮助时，驻外外交机构依法维护其正当权益及提供协助的行为。

<hr/>

① 该条例经 2023 年 6 月 29 日国务院第九次常务会议通过，并以中华人民共和国国务院令公布，自 2023 年 9 月 1 日起施行。参见《中华人民共和国国务院令第 763 号》：https://www.gov.cn/zhengce/content/202307/content_6891760.htm。

前款所称驻外外交机构，是指承担领事保护与协助职责的中华人民共和国驻外国的使馆、领馆等代表机构。

第四条 外交部统筹开展领事保护与协助工作，进行国外安全的宣传及提醒，指导驻外外交机构开展领事保护与协助，协调有关部门和地方人民政府参与领事保护与协助相关工作，开展有关国际交流与合作。

驻外外交机构依法履行领事保护与协助职责，开展相关安全宣传、预防活动，与国内有关部门和地方人民政府加强沟通协调。

国务院有关部门和地方人民政府建立相关工作机制，根据各自职责参与领事保护与协助相关工作，为在国外的中国公民、法人、非法人组织提供必要协助。

有外派人员的国内单位应当做好国外安全的宣传、教育培训和有关处置工作。在国外的中国公民、法人、非法人组织应当遵守中国及所在国法律，尊重所在国宗教信仰和风俗习惯，做好自我安全防范。

第五条 外交部建立公开的热线电话和网络平台，驻外外交机构对外公布办公地址和联系方式，受理涉及领事保护与协助的咨询和求助。

中国公民、法人、非法人组织请求领事保护与协助时，应当向驻外外交机构提供能够证明其身份的文件或者相关信息。

第六条 在国外的中国公民、法人、非法人组织可以在外交部或者驻外外交机构建立的信息登记平台上预先登记基本信息，便于驻外外交机构对其提供领事保护与协助。

国务院有关部门、驻外外交机构根据领事保护与协助的需要依法共享在国外的中国公民、法人、非法人组织有关信息，并做好信息保护工作。

第七条 驻外外交机构应当在履责区域内履行领事保护与协助职责；特殊情况下，经驻在国同意，可以临时在履责区域外执行领事保护与协助职责；经第三国同意，可以在该第三国执行领事保护与协助职责。

第八条　在国外的中国公民、法人、非法人组织因正当权益被侵犯向驻外外交机构求助的，驻外外交机构应当根据相关情形向其提供维护自身正当权益的渠道和建议，向驻在国有关部门核实情况，敦促依法公正妥善处理，并提供协助。

第九条　获知在国外的中国公民、法人、非法人组织因涉嫌违法犯罪被驻在国采取相关措施的，驻外外交机构应当根据相关情形向驻在国有关部门了解核实情况，要求依法公正妥善处理。

前款中的中国公民被拘留、逮捕、监禁或者以其他方式被驻在国限制人身自由的，驻外外交机构应当根据相关情形，按照驻在国法律和我国与驻在国缔结或者共同参加的国际条约对其进行探视或者与其联络，了解其相关需求，要求驻在国有关部门给予该中国公民人道主义待遇和公正待遇。

第十条　获知驻在国审理涉及中国公民、法人、非法人组织的案件的，驻外外交机构可以按照驻在国法律和我国与驻在国缔结或者共同参加的国际条约进行旁听，并要求驻在国有关部门根据驻在国法律保障其诉讼权利。

第十一条　获知在国外的中国公民需要监护但生活处于无人照料状态的，驻外外交机构应当向驻在国有关部门通报情况，敦促依法妥善处理。情况紧急的，驻外外交机构应当协调有关方面给予必要的临时生活照料。

驻外外交机构应当将有关情况及时通知该中国公民的亲属或者国内住所地省级人民政府。接到通知的省级人民政府应当将有关情况及时逐级通知到该中国公民住所地的居民委员会、村民委员会或者民政部门。驻外外交机构和地方人民政府应当为有关人员或者组织履行监护职责提供协助。

第十二条　在国外的中国公民因基本生活保障出现困难向驻外外交机构求助的，驻外外交机构应当为其联系亲友、获取救济等提供协助。

第十三条 在国外的中国公民下落不明，其亲属向驻外外交机构求助的，驻外外交机构应当提供当地报警方式及其他获取救助的信息。

驻在国警方立案的，驻外外交机构应当敦促驻在国警方及时妥善处理。

第十四条 获知在国外的中国公民因治安刑事案件、自然灾害、意外事故等受伤的，驻外外交机构应当根据相关情形向驻在国有关部门了解核实情况，敦促开展紧急救助和医疗救治，要求依法公正妥善处理。

中国公民因前款所列情形死亡的，驻外外交机构应当为死者近亲属按照驻在国有关规定处理善后事宜提供协助，告知死者近亲属当地关于遗体、遗物处理时限等规定，要求驻在国有关部门依法公正处理并妥善保管遗体、遗物。

第十五条 驻在国发生战争、武装冲突、暴乱、严重自然灾害、重大事故灾难、重大传染病疫情、恐怖袭击等重大突发事件，在国外的中国公民、法人、非法人组织因人身财产安全受到威胁需要帮助的，驻外外交机构应当及时核实情况，敦促驻在国采取有效措施保护中国公民、法人、非法人组织的人身财产安全，并根据相关情形提供协助。

确有必要且条件具备的，外交部和驻外外交机构应当联系、协调驻在国及国内有关方面为在国外的中国公民、法人、非法人组织提供有关协助，有关部门和地方人民政府应当积极履行相应职责。

第十六条 驻外外交机构应当了解驻在国当地法律服务、翻译、医疗、殡葬等机构的信息，在中国公民、法人、非法人组织需要时提供咨询。

第十七条 在国外的中国公民、法人、非法人组织因与中介机构、旅游经营者、运输机构等产生纠纷向驻外外交机构求助的，驻外外交机构应当根据具体情况向其提供依法维护自身正当权益的有关信息和建议。

第十八条　驻外外交机构应当结合当地安全形势、法律环境、风俗习惯等情况，建立领事保护与协助工作安全预警和应急处置机制，开展安全风险评估，对履责区域内的中国公民、法人、非法人组织进行安全宣传，指导其开展突发事件应对、日常安全保护等工作。

在国外的中国法人、非法人组织应当根据所在国的安全形势，建立安全防范和应急处置机制，保障有关经费，加强安全防范教育和应急知识培训，根据需要设立专门安全管理机构、配备人员。

第十九条　外交部和驻外外交机构应当密切关注有关国家和地区社会治安、自然灾害、事故灾难、传染病疫情等安全形势，根据情况公开发布国外安全提醒。国外安全提醒的级别划分和发布程序，由外交部制定。

国务院文化和旅游主管部门会同外交部建立国外旅游目的地安全风险提示机制，根据国外安全提醒，公开发布旅游目的地安全风险提示。

国务院有关部门和地方人民政府结合国外安全提醒，根据各自职责提醒有关中国公民、法人、非法人组织在当地做好安全防范、避免前往及驻留高风险国家或者地区。

第二十条　国务院有关部门根据各自职责开展国外安全的宣传、教育培训工作，提高相关行业和人员国外安全风险防范水平，着重提高在国外留学、旅游、经商、务工等人员的安全意识和风险防范能力。

地方人民政府结合本地区在国外的中国公民、法人、非法人组织状况，加强对重点地区和群体的安全宣传及对有关人员的培训。

第二十一条　有关中国公民、法人、非法人组织应当积极关注安全提醒，根据安全提醒要求，在当地做好安全防范、避免前往及驻留高风险国家或者地区。

经营出国旅游业务的旅行社应当关注国外安全提醒和旅游目的地安全风险提示，通过出行前告知等方式，就目的地国家或者地区存在的安全风险，向旅游者作出真实说明和明确提示；通过网络平台销售的，应当在显著位置标明有关风险。

第二十二条 国家为领事保护与协助工作提供人员、资金等保障。

地方人民政府参与领事保护与协助相关工作的经费纳入预算管理。

有外派人员的国内企业用于国外安全保障的投入纳入企业成本费用。

第二十三条 驻外外交机构根据领事保护与协助工作实际需要，经外交部批准，可以聘用人员从事辅助性工作。

外交部和驻外外交机构根据工作职责要求，对从事领事保护与协助工作的驻外外交人员及其他人员进行培训。

第二十四条 国家鼓励有关组织和个人为领事保护与协助工作提供志愿服务。

国家鼓励和支持保险公司、紧急救援机构、律师事务所等社会力量参与领事保护与协助相关工作。

第二十五条 对在领事保护与协助工作中作出突出贡献的组织和个人，按照国家有关规定给予表彰、奖励。

第二十六条 中国公民、法人、非法人组织在领事保护与协助过程中，得到第三方提供的食宿、交通、医疗等物资和服务的，应当支付应由其自身承担的费用。

第二十七条 本条例自 2023 年 9 月 1 日起施行。

附录二　《关于加强境外中资企业机构与人员安全保护工作的意见》

关于加强境外中资企业机构与人员安全保护工作的意见①

随着我国对外开放不断扩大和"走出去"战略的深入实施，境外中资企业、机构与人员迅速增多，地域分布日趋广泛。为维护我公民的生命财产安全和国家利益，保障"走出去"战略顺利实施，促进对外经济合作的发展，根据《国家涉外突发事件应急预案》（国办函〔2005〕59号）等相关规定，现就做好境外中资企业、机构与人员安全保护工作提出以下意见：

一、树立全面的安全观和发展观

各地区、各有关部门和单位要以邓小平理论和"三个代表"重要

---

① 2005年9月28日，国务院办公厅以国办发〔2005〕48号文，向各省、自治区、直辖市人民政府及国务院各部委、各直属机构转发。参见《国务院办公厅转发商务部等部门关于加强境中资企业机构与人员安全保护工作意见的通知》，https://www.gov.cn/xxgk/pub/govpublic/mrlm/200803/t20080328_32462.html。

思想为指导，坚持执政为民、以人为本的基本原则，从全局和战略的高度，进一步提高对境外中资企业、机构与人员所面临安全形势的认识，认真指导有关企业、机构与人员认清在境外特别是在安全问题突出国家和地区开展经济活动面临的安全风险，建立健全工作协调、应急处置和内部防范等机制，正确处理安全与发展的关系，树立发展是根本、安全是保障，发展是硬道理、安全是大前提的安全观和发展观；坚决摒弃片面或单纯追求经济效益的思想，牢固树立人民群众生命财产安全高于一切的观念；加强风险防范意识，落实预防为主、防范处置并重的要求；及时果断处置突发事件，避免或最大限度地减少我公民生命财产损失，维护我国家利益。

二、加强安全教育和管理，强化安全意识

各地区、各有关部门和单位要切实做好境外中资企业、机构与人员出境前后的安全教育和管理工作。按照"谁派出，谁负责"的原则，要求派出企业、机构负责对外派人员进行安全教育和应急培训，增强其安全防范意识和自我保护能力。进一步严格驻外企业、机构与人员的管理，对安全问题突出的国家和地区要制定驻外人员行为守则，就行动范围、人员交际及突发事件应急处理方法和联系方式等予以规范和指导。各地区、各有关部门和单位要对所派出企业、机构的安全教育和管理工作提出明确要求并做好监督检查。外交部、公安部、劳动保障部、铁道部、交通部、商务部、国资委、民用航空局等部门在为出境人员提供相关服务时，要有针对性地加强宣传和指导，方便其学习掌握必要的安全知识。

三、严格履行对外经济合作业务管理规定，切实把好安全关

对国内企业在境外开办企业、开展工程承包和劳务合作等业务，有关主管部门在审批核准时，应事先就当地安全形势征求驻外使领馆的意见；要从国别（地区）投资环境、投资导向政策、安全状况、双

边关系、地区合理布局、相关国际义务、保障企业合法权益等方面进行认真审核，必要时，可实行安全一票否决。对在安全问题突出的国家和地区开展业务活动的，应重点加强安全评估和企业权益保障。要求核准的企业应凭主管部门的批准证书或其他批复文件，及时到驻外使领馆登记报到，并保持经常联系。承担援外项目建设任务的企业，应根据援外管理规定，自觉接受驻外使领馆的领导。

四、完善信息收集和报送制度，建立安全风险预警机制

各地区、各有关部门和单位要建立和完善境外企业、机构与人员应对突发事件的预警机制。外交部、公安部、国家安全部、商务部等部门及驻外使领馆等驻外机构要加强对安全问题突出的国家和地区有关政治经济形势、民族宗教矛盾、社会治安状况、恐怖主义活动等信息的收集工作，及时掌握境外各种可能危及我国企业、机构与人员安全的情报信息。各地区、各有关部门及驻外使领馆要及时向境外中资企业、机构通报所在国家（地区）的安全形势，使其对自身安全状况有正确认识和评估。外交部、商务部等部门要对不同国家和地区的安全状况进行动态综合评估，对境外可能发生涉我突发事件的预警信息，报境外中国公民和机构安全保护工作部际联席会议办公室汇总，并由其商有关部门或单位，按各自职责分工，适时以相应方式经授权发布，提醒我境外企业和人员采取适当预防和自我保护措施。

五、建立和完善内部安全防范与应急处置机制

各地区、各有关部门和单位要指导和监督相关企业、机构建立组织机构，统一协调安全工作。在安全问题突出的国家和地区开展经营活动，特别是承担重大援建项目和投资、承包工程、劳务等对外经济合作项目建设任务的企业，要建立安全工作机构和应急处置机制，制定安全防范措施和应急预案，做到机制完善、职责明确、措施到位。境外中资企业和机构要在工作、生活区域配备必要的安全保卫设施，

雇用有防护能力的当地保安，必要时聘请武装军警，增强防护能力。

外交部、公安部、国家安全部、商务部、国资委等部门根据需要组成境外安全巡查工作组，对在安全问题突出的国家和地区的对外经济合作项目尤其是重点项目建设进行安全检查和指导。

六、充分利用现有工作机制，加强部门间的协作配合

充分利用境外中国公民和机构安全保护工作部际联席会议制度和驻外使领馆牵头、其他驻外机构配合的我国境外人员和机构安全保护应急协调处理机制，进一步加强外交部、公安部、国家安全部、财政部、交通部、商务部、卫生健康委、国资委、民用航空局等部门之间的沟通、交流与协作，重点对境外领事保护、境外企业和项目管理、应急资金支持、交通运输、医疗救护、保险保障等工作进行协调，合力推进相关法律法规建设，建立健全安全防范和应急处置工作机制，互通安全情报等，共同做好境外中资企业、机构与人员安全保护工作。

七、进一步发挥驻外使领馆的作用

驻外使领馆要加大对外交涉力度，做好驻在国军队、内务、警察等部门的工作，争取其为我国境外中资企业、机构与人员安全保护工作提供更多帮助。要与境外中资企业、机构及援建、承包、劳务企业加强联系，保持信息畅通。在发生境外涉我突发事件时，除按照有关应急预案的规定做好事发现场先期处置等工作外，应积极协助我国境外中资企业、机构与人员在遭受突发安全侵害后向所在国索赔，争取合理赔偿。对涉及我国境外企业、机构与人员的一般性安全事件，继续做好领事保护工作。

八、建立项目安全风险评估和安全成本核算制度，加强境外人员与机构的保险保障

各有关企业除了要做好对外经济合作项目的商业评估外，还要对

项目所在国家和地区的安全状况进行风险评估，根据不同的安全风险，相应制定分类管理的安保措施，并把安全防护费用计入成本。要逐步推行符合国际惯例的合同条款，把安全保障条款纳入安全问题突出的国家和地区项目协议或合同，把安全投入成本纳入承包项目预算。对于援外项目，由相关部门商承办企业对受援国安全环境进行风险评估和安全成本核算，并将有关费用纳入援外项目预算。

劳动保障部要继续研究做好与有关国家签订双边社会保险协定的工作，更好地维护境外中资企业、机构与人员的社会保障权益。保险机构要开发、完善与境外人员和机构安全保护相关的险种。各派出企业必须为外派人员购买境外人身意外伤害、职业暴露等保险，提高境外人员和机构的抗风险能力。

九、妥善处理与所在国家（地区）居民及团体的利益关系，积极开展本地化经营

各有关企业开展对外经济合作业务时，要充分考虑所在国家（地区）居民和团体的利益，包括与被雇佣者的利益关系，避免引发商业纠纷，尤其要防止陷入当地利益冲突。要加强与所在国家（地区）政府有关部门、社会团体及其他相关方面的联系与沟通，广泛争取理解和支持，增进友谊，避免或减少矛盾，以便在突发危险时能得到及时保护和救助。要着眼于企业长远发展，在安全问题突出的国家和地区推进项目本地化经营，合理确定中方人员比例，通过采取本地分包等方式帮助扩大本地就业，尽可能降低我境外人员安全风险。

十、完善相关法律法规，把境外中资企业、机构与人员安全保护工作纳入法制化轨道

有关部门要借鉴世界主要国家保护境外人员和机构的做法，结合我国实际情况，推动尽快出台对外援助、对外投资、对外承包工程及劳务合作等方面的法规，并对现有的政策规定进行修订、补充和完善，

增加安全保护条款。要认真研究对外经济合作项目涉及的合同文本、突发事件职责分工、善后处理、伤亡人员抚恤补偿标准、保险理赔等问题并作出明确规定。

十一、加强领导，落实责任

各地区、各有关部门和单位要切实加强对境外中资企业、机构与人员安全保护工作的领导，主要负责同志亲自抓，把这项工作列入重要议事日程。要坚持以人为本、预防为主、统一领导、分级负责、依法办事、处置果断的方针，加强宣传教育，明确职责分工，制定完善相应措施和工作机制，加强督促检查，确保各项安全保护工作得到充分落实。对于敷衍塞责、严重失职的地方、部门及单位，要依法追究有关领导和人员的责任。

参考文献

一、中文参考文献

（一）著作

1. 阿库斯特. 现代国际法概论[M]. 汪暄,等译. 北京:中国社会科学出版社,1981.

2. 陈良松. 21 世纪法国领事服务改革研究[D/OL]. 北京:外交学院,2019[2021-05-16]. https://kns. cnki. net/kcms2/article/abstract? v = tJ8vF22QX - qma6oXuWE8gc8f8mjZ9 kI1y45lscVHn _ GEwTiiJ9iLc4T5XGxyhU6dGo4Z6tyZaG97HgpAR3HuuFazomukkyd98TaVLb _ cIY10NheYa6wPS5Nqq8NJCvpdiJRpHyPeKEs = &uniplatform = NZKPT&language = CHS.

3. 戴瑞君. 国际人权条约的国内适用研究:全球视野[M]. 北京:社会科学文献出版社,2012.

4. 邓小平. 邓小平文选:第三卷[M]. 北京:人民出版社,1993.

5. 顶针安全·顶针智库. 中国公民境外安全报告 2015[M]. 北京:时事出版社,2015.

6. 戈尔·布思. 萨道义外交实践指南[M]. 杨立义,等译. 上海:上海译文出版社,1984.

7. 广东省地方志编纂委员会. 广东省志·华侨志[M]. 广州:广东人民出版社,1996.

8.《国际法律问题研究》编写组. 国际法律问题研究[M]. 北京:中国政法大学出版社,1998.

9. 国际条约集:1963—1965[M]. 北京:商务印书馆,1976.

10.《海外侨情观察》编委会. 海外侨情观察:2015—2016[M]. 广州:暨南大学出版社,2016.

11. 汉斯·摩根索. 政治学的困境[M]. 北京:中国人民公安大学出版社,1990.

12. 洪凯. 应急管理体制跨国比较[M]. 广州:暨南大学出版社,2012.

13. 洪玉华. 华人移民:施振民教授纪念文集[M]. 马尼拉:菲律宾华裔青年联合会联合拉刹大学中国研究出版社,1987.

14. 李斌. 现代国际法学[M]. 北京:科学出版社,2004.

15. 李步云. 人权法[M]. 北京:高等教育出版社,2005.

16. 黎海波. 海外中国公民领事保护问题研究(1978—2011)[M]. 广州:暨南大学出版社,2012.

17. 黎海波. 中国领事保护:历史发展与案例分析[M]. 北京:中国社会科学出版社,2017.

18. 李天纲. 奥本海国际法[M]. 上海:上海社会科学院出版社,2017.

19. 李晓敏. 非传统威胁下中国公民海外安全分析[M]. 北京:人民出版社,2011.

20. 李宗周. 领事法和领事实践[M]. 梁宝山,黄屏,潘维煌,等译,北京:世界知识出版社,2012.

21. 梁宝山. 实用领事知识:领事职责·公民出入境·侨民权益保护[M]. 北京:世界知识出版社,2001.

22. 刘静. 中国海外利益保护:海外风险类别与保护手段[M]. 北京:中国社会科学出版社,2016.

23. 卢梭. 社会契约论[M]. 何兆武译,北京:商务印书馆,1982.

24. 卢梭. 社会契约论[M]. 何兆武译,北京:商务印书馆,2003.

25. 洛克. 政府论:下篇[M]. 北京:商务印书馆,2005.

26. 骆克任,丘进,王超,等. 海外同胞安全研究:安全预警与风险应对[M]. 北京:社会科学文献出版社,2018.

27. 欧阳世昌. 顺德华侨华人[M]. 北京:人民出版社,2005.

28. 丘日庆. 领事法论[M]. 上海:上海社会科学院出版社,1996.

29. 饶戈平. 国际法[M]. 北京:北京大学出版社,1999.

30. 任贵祥. 海外华侨华人与中国改革开放[M]. 北京:中共党史出版社,2009.

31. 宋云霞,王全达. 军队维护国家海外利益法律保障研究[M]. 北京:海洋出版社,2014.

32.《外交官在行动:我亲历的中国公民海外救助》编委会. 外交官在行动:我亲历的

中国公民海外救助[M].江苏:江苏人民出版社,2015.

33. 王铁崖,田如萱. 国际法资料选编[M].北京:法律出版社,1982.

34. 夏莉萍. 海外中国公民和中资企业安全风险与保护[M].北京:当代世界出版社,2023.

35. 辛格. 私营装备:军事业务私营模式发展[M].刘波,张爱华,译.北京:人民教育出版社,2013.

36. 新华社国际部. 永远是你的依靠:中国领保纪实[M].北京:新华出版社,2016.

37. 阎学通. 中国国家利益分析[M].天津:天津人民出版社,1997.

38. 杨群熙,陈骅. 海外潮人的慈善业绩[M].广州:花城出版社,1999.

39. 杨泽伟. 主权论:国际法上的主权问题及其发展趋势研究[M].北京:北京大学出版社,2006.

40. "一带一路"课题组. 建设"一带一路"的战略机遇与安全环境评估[M].北京:中央文献出版社,2016.

41. 伊恩·布朗利. 国际公法原理[M].曾令良,余敏友,等译.北京:法律出版社,2003.

42. 于军,程春华. 中国的海外利益[M].北京:人民出版社,2015.

43. 余潇枫,潘一禾,王江丽. 非传统安全概论[M].杭州:浙江人民出版社,2006.

44. 曾令良,余敏友. 全球化时代的国际法:基础、结构与挑战[M].武汉:武汉大学出版社,2005.

45. 曾令良. 21世纪初的国际法与中国[M].武汉:武汉大学出版社,2005.

46. 曾令良. 国际法[M].武汉:武汉大学出版社,2011.

47. 张历历. 当代中国外交简史[M].上海:上海人民出版社,2015.

48. 张文木. 全球视野中的中国国家安全战略:下卷[M].济南:山东人民出版社,2010.

49. 张蕴岭,张洁,艾莱提·托洪巴依. 海外公共安全与合作评估报告(2019)[M].北京:社会科学文献出版社,2019.

50. 中共中央文献研究室. 邓小平年谱:1975—1997:下[M].北京:中央文献出版社,2004.

51.《中国领事工作》编写组. 中国领事工作:下册[M].北京:世界知识出版社,2014.

52. 中华人民共和国国务院新闻办公室. 中国的对外援助[M].北京:人民出版

社,2011.

53.中华人民共和国外交部政策规划司.中国外交:2013 年版[M].北京:世界知识出版社,2013.

54.周恩来.周恩来外交文选[M].北京:中央文献出版社,1990.

55.邹伟.洗冤伏枭录:湄公河"10·5"血案全纪实[M].北京:人民出版社,2013.

56.《祖国在你身后:中国海外领事保护案件实录》编写组.祖国在你身后:中国海外领事保护案件实录[M].江苏:江苏人民出版社,2016.

(二)文章和报告

57.包运成.海外公民权益的国际人权机制保护[J].社会科学家,2014(6):113-117.

58.布罗伊纳.保护在吉尔吉斯斯坦的中国公民:2010 年撤离行动[J].赵晨译.国际政治研究,2013,34(2):30-35.

59.陈积敏.论中国海外投资利益保护的现状与对策[J].国际论坛,2014,16(5):35-41.

60.陈奕平,许彤辉.海外公民利益维护的"中国方案"初探[J].中国与国际关系学刊,2019,7(2):19-34.

61.陈奕平,许彤辉.新冠疫情下海外中国公民安全与领事保护[J].东南亚研究,2020(4):139-158.

62.程思.中国出境旅游发展年度报告 2018[R/OL].(2018-06-27)[2021-07-21].https://cn.chinadaily.com.cn/2018-06/27/content_36466285.htm.

63.程晓勇.建国以来中国国家经济利益的演变分析[J].天津市社会主义学院学报,2012(2):55-59.

64.程晓勇.冷战后的中国国家利益:基于不同视角的考察[J].党政干部学刊,2012(4):29-33.

65.崔守军,张政.海外华侨华人社团与"一带一路"安保体系建构[J].国际安全研究,2018(3):117-137.

66.崔守军.中国海外安保体系建构刍议[J].国际展望,2017(3):78-98.

67.崔守军.中国境外安保业务框架建设浅析[J].国际局势,2018(3):78-98.

68.崔鑫生.论美国知识产权保护战略中的海外保护问题[J].科技管理研究,2010,30(4):215+220-221.

69.邓萱.欧盟民防机制经验及其借鉴[J].中国安全生产科学技术,2012,8(1):

123-127.

70. 高伟浓,肖丹.恶劣生存环境下委内瑞拉华人社团的主要功能刍析[J].八桂侨刊,2017(2):24-31.

71. 郭德峰.中国海外劳工的安全保护[J].长沙民政职业技术学院院报,2007(1):44-46.

72. 郭永良,郑启航.海外利益保护中风险预警防范体系的构建[J].公安学研究,2020(1):1-13+123.

73. 郭志强.领事协助法律制度研究[D/OL].北京:外交学院,2013[2018-06-14].https://kns.cnki.net/kcms2/article/abstract? v=tJ8vF22QX-oJJ6ojJ6p_tEyq2e5z0W58aqw0GkNaOT28ljlij6xHAcxAcjZpa9xw_MroD1jGBW5JF97UVpdY9O9OcDXj9wPaQHcBQydFNgeiRkPI8pOcaiudC_xevDwe&uniplatform=NZKPT&language=CHS.

74. 国侨办政研司.关于建立侨务工作协调机制的研究[J/OL].侨务工作研究,2007(3)[2020-05-24].http://qwgzyj.gqb.gov.cn/dyzs/136/901.shtml.

75. 贺立平.边缘替代:对中国社团的经济与政治分析[J].中山大学学报(社会科学版),2002,42(6):114-121.

76. 洪凯,侯丹丹.中国参与联合国国际减灾合作问题研究[J].东北亚论坛,2011(3):62-70.

77. 花勇."一带一路"建设中的海外劳工权益法律保护[J].云南社会主义学院学报,2016(2):126-130.

78. 蒋凯.海外中国公民安全形势分析[J].太平洋学报,2010(10):83-89.

79. 蒋新苗,刘杨."一带一路"海外中国公民权益保护的法治困境破解[J].西北大学学报,2021(1):5-20.

80. 蓝煜昕.历程、话语与行动范式变迁:国际发展援助中的 NGO[J].中国非营利评论,2018,21(1):1-21.

81. 李峰."救世与救心":国际宗教非政府组织国际发展援助的特征[J].世界宗教研究,2014(2):33-34+194.

82. 黎海波.巴西九人案与中国的领事保护[J].理论月刊,2017(7):87-90.

83. 黎海波.当前中国领事保护机制的发展及人权推动因素[J].创新,2010(4):42-45.

84. 黎海波.国际法的人本化与中国的领事保护[D/OL].广州:暨南大学,2009

[2021-05-01]. https://kns. cnki. net/kcms2/article/abstract? v = tJ8vF22QX - pQ6t4hh 7OoFJ1 _ YepYjSjVmSi9awzY26lLiXicVcAI5p2uAAtmpZlYnzmQljuBbjPZIDq8un2EyxCgHTvcT 0M_UpaWml0KDbkG7c7E22JtNpWsUsztvB19&uniplatform = NZKPT&language = CHS.

85. 黎海波. 国外学者的领事保护研究:一种人权视角的审视与批判[J]. 法律文献信息与研究,2010(2):33-35.

86. 黎海波. 论中国领事保护的运作机制及发展趋势:以撤离滞泰游客为例的比较与探讨[J]. 八桂侨刊,2010(4):62-66.

87. 黎海波. 人权意识与代理合作:欧盟领事保护的探索及其对中国的启示[J]. 德国研究,2017(1):55-69+142-143.

88. 黎健. 美国的灾害应急管理及其对我国相关工作的启示[J]. 自然灾害学报,2006,15(4):33-38.

89. 李娟娟. 领事保护制度研究[D/OL]. 北京:外交学院,2008[2021-05-01]. https://kns. cnki. net/kcms2/article/abstract? v = tJ8vF22QX-r8sUFtYBtZTef9kvPsNUrVfa8e BJS1DmQHXNSgfR0JKM - t0Z _ Mkh75VVowNIOwHxvD06Il1WMnTjwMo _ j1MvMxwR2iteDB 2R9KMwsKKzuGc0qM_wCQRXWs&uniplatform = NZKPT&language = CHS.

90. 李立. 自然灾害国际救援响应机制与发展趋势研究[J]. 灾害学,2020(4):174-179.

91. 李群锋. 1970年代以来美国华人慈善事业发展初探[J]. 八桂侨刊,2011(2):65-70.

92. 李晓敏. 强化对在高风险国家的中国公民保护机制:基于2010—2014年"安全提醒"数据的分析[J]. 福建江夏学院学报,2014,4(6):35-42+49.

93. 李玉婷. "人的安全"语境下对中国公民海外安全保护的再思考[J]. 区域与全球发展,2018,2(6):42-56+153-154.

94. 李志祥,刘铁忠,王梓薇. 中美国家应急管理机制比较研究[J]. 北京理工大学学报(社会科学版),2006(5):3-7.

95. 李志永. 中国警务外交与海外利益保护[J]. 江淮论坛,2015(4):123-128.

96. 李众敏. 美国保护海外经济利益的实践与启示[J]. 世界政治与经济,2012(10):75-84.

97. 廖小健. 海外中国公民的安全形势分析[J]. 广州社会主义学院学报,2009(2):47-52.

98. 廖小健. 中外劳务合作与海外中国劳工的权益保护:以在日中国研修生为例[J].亚太经济,2009(4):91-95.

99. 刘宏. 海外华人社团的国际化:动力·作用·前景[J].华侨华人历史研究,1998(1):49-59.

100. 刘杰. 论加入 WTO 与中国参与国际机制战略的创新[J].世界经济与政治,2000(4):4-9.

101. 刘莲莲. 国家海外利益保护机制论析[J].世界经济与政治,2017(10):126-153+159-160.

102. 卢文刚,黎舒菡. 2014 年中国在东南亚地区领事保护状况、问题及改善对策研究[J].东南亚纵横,2015(5):25-31.

103. 吕国泉,李佳娜,淡卫军,等. 中国海外劳务移民的发展变迁与管理保护:以移民工人维权和争议处理为中心的分析[J].华侨华人历史研究,2014(1):1-17.

104. 吕晓莉,徐青. 构建中国海外利益保护的社会机制探析[J].当代世界与社会主义,2015(2):134-139.

105. 梅建明. 论新时期中国海外利益保护面临的挑战与对策[J].中国人民公安大学学报(社会科学版),2019,33(5):1-7.

106. 苗崇刚,黄宏生,等. 美国应急管理体系的近期发展[J].防灾博览,2009(4):20-31.

107. 潘一禾. "人的安全"是国家安全之本[J].杭州师范学院学报(社会科学版),2006(4):56-61.

108. 裴岩,王文柱. "一带一路"倡议下中国保安服务业开展海外利益保护的思路与路径[J].中国人民公安大学学报(社会科学版),2020(2):138-145.

109. 任娜. 海外华人社团的发展现状与趋势,[J].东南亚研究,2014(2):96-102.

110. 商务部,国家统计局,国家外汇管理局. 2017 年度中国对外直接投资统计公报[R/OL].(2018-09-28)[2023-09-29]. http://fec. mofcom. gov. cn/article/tjsj/tjgb/201809/20180902791493. shtml.

111. 商务部,国家统计局,国家外汇管理局. 2019 年度中国对外直接投资统计公报[R/OL].(2020-09-16)[2022-09-23]. http://www. mofcom. gov. cn/article/tongjiziliao/dgzz/202009/20200903001523. shtml.

112. 苏长和. 论中国海外利益[J].世界经济与政治,2009(8):13-20.

113. 唐昊. 关于中国海外利益保护的战略思考[J]. 现代国际关系,2011(6):1-8.

114. 陶莎莎. 海外中国公民安全保护问题研究[D/OL]. 北京:中共中央党校,2011[2022-03-11]. https://kns. cnki. net/kcms2/article/abstract? v = tJ8vF22QX - oIXeKblsFhXnuSsIDnm8jgNu_HmNxuOCNyqqIBhnxPm_M6B2PYGu7nR8a7HVpB8VY7z_X1kwbbHxNWQmE2fKrFaV2nipi20xBuBP9Y7Ct_rdgz7wBDQ_-F&uniplatform=NZKPT&language=CHS.

115. 滕宏庆. 海外公民权利保障的三维研究[J]. 学术研究,2015(5):63-69.

116. 万霞. 海外中国公民安全问题与国籍国的保护[J]. 外交评论(外交学院学报),2006(6):99-105.

117. 汪段泳. 海外利益实现与保护的国家差异:一项文献综述[J]. 国际观察,2009(2):29-37.

118. 汪段泳. 中国海外公民安全:基于对外交部"出国特别提醒"(2008—2010)的量化解读[J]. 外交评论(外交学院学报),2011,28(1):60-75.

119. 王发龙. 国际制度视角下的中国海外利益维护路径研究[D/OL]. 济南:山东大学,2016[2021-12-11]. https://kns. cnki. net/kcms2/article/abstract? v = tJ8vF22QX - oyRlPRaOLMLQrAYE9aHd7p3g4ZXVcOBCoqsms1i83vLCxJTMpHz_92ic0AFraBOCojn1ZlNePQ4lG64Uf72pqs0cmDchR6KoVJ2CmibC0pO2e - 1zqXBRkVjv8Mc5__-7s = &uniplatform = NZKPT&language = CHS.

120. 王发龙. 美国海外利益维护机制及其对中国的启示[J]. 理论月刊,2015(3):179-183.

121. 王发龙. 中国海外经济利益维护机制探析[J]. 学术交流,2015(4):119-124.

122. 王发龙. 中国海外利益维护的现实困境与战略选择:基于分析折中主义的考察[J]. 国际论坛,2014,16(6):30-35+78.

123. 王辉. 我国海外劳工权益立法保护与国际协调机制研究[J]. 江苏社会科学,2016(3):156-164.

124. 王利民. 外国人法律地位制度的法理思考[J]. 大连理工大学学报(社会科学版),2006(1):87-92.

125. 王玫黎,李煜婕. 总体国家安全观下中国海外权益保障国际法治构建的理论析探[J]. 广西社会科学,2019(8):96-103.

126. 王思斌. 积极治理视角下激发社会组织活力的制度创新分析[J]. 贵州师范大学学报(社会科学版),2016(1):44-49.

127. 王祥军,陈慧敏.地方政府参与海外劳工领事保护问题研究[J].安徽广播电视大学学报,2018(2):5-8.

128. 王秀梅,张超汉.国际法人本化趋向下海外中国公民保护的性质演进及进路选择[J].时代法学,2010(2):83-91.

129. 魏绿子.浅谈我国海外劳工权益保护中领事保护的不足[J].法制博览,2019(34):211-212.

130. 魏冉."一带一路"背景下中国公民在东盟十国的安全风险和保护研究[J].东南亚研究,2019(6):106-129+157.

131. 魏哲哲."驻外警务联络官"在行动[N/OL].人民日报,(2016-02-03)[2020-07-05].https://inews.ifeng.com/47339690/news.shtml.

132. 吴新燕.美国社区减灾体系简介及其启示[J].城市与减灾,2004(3):2-4.

133. 吴远仁.涉及海外同胞突发事件的类型、事由及特征研究[J].暨南学报(哲学社会科学版),2017(3):52-61+130-131.

134. 伍慧萍,郑朗.欧洲各国移民融入政策之比较[J].上海商学院学报,2011(1):38-43.

135. 夏莉萍.20世纪90年代以来英国领事保护机制改革:挑战与应对[J].外交评论(外交学院学报),2009,26(4):114-126.

136. 夏莉萍.从利比亚事件透析中国领事保护机制建设[J].西亚非洲,2011(9):104-119.

137. 夏莉萍.海外中国公民安全状况分析[J].国际论坛,2006(1):41-46+80.

138. 夏莉萍.欧盟共同领事保护进展评析[J].欧洲研究,2010,28(2):46-58+2.

139. 夏莉萍.日本领事保护机制的发展及对中国的启示:基于日本外交蓝皮书的分析[J].日本问题研究,2008(2):46-51.

140. 夏莉萍.十八大以来"外交为民"理念与实践的新发展[J].当代世界,2015(2):50-52.

141. 夏莉萍.试析近年来中国领事保护机制的新发展[J].国际论坛,2005(3):28-32+79-80.

142. 夏莉萍.中国地方政府参与领事保护探析[J].外交评论(外交学院学报),2017,34(4):59-84.

143. 夏莉萍.中国领事保护新发展与中国特色大国外交[J].外交评论(外交学院学

报），2020，37（4）：1-25+165.

144．夏莉萍．中国领事保护需求与外交投入的矛盾及解决方式［J］．国际政治研究，
2016，37（4）：10-25+3.

145．项文惠．中国的海外撤离行动：模式、机遇、挑战［J］．国际展望，2019，11（1）：
120-137+161-162.

146．项文惠．中国的海外公民保护：战略实施、制约因素及策略应对［J］．国际展望，
2017，9（4）：87-103+148-149.

147．肖河．中国应尊重并参与私营安保的国际规则制定［EB/OL］．（2017-07-26）
［2022-08-13］．https：//m．caijing．com．cn/api/show？contentid=4306619.

148．肖晞，宋国新．中国"一带一路"建设中海外利益的脆弱性分析与保护机制构建
［J］．学习与探索，2019（5）：36-45+2+176.

149．杨玲玲．"国家利益"的基本内涵与本质特征［J］．国际关系学院学报，1997（4）：
20-24.

150．杨培栋．外交保护制度研究：以联合国《外交保护条款草案》为线索［D/OL］．北
京：外交学院，2007［2021-06-11］．https：//kns．cnki．net/kcms2/article/abstract？v=
tJ8vF22QX-ruoeNAZ-EPk3fldotz7gBq6juOd0fjQw4Nvl9_3LJ-FJOHbESqoDWkg9RWqlr_cN
F0scBsL3UrdiAk86VaCMwxt36o9VyZlSVb8m4mbPt9fN_PG_FxEQzQ&uniplatform=NZKPT&
language=CHS.

151．于军．欧盟海外利益及其保护［J］．行政管理改革，2015（3）：80-85.

152．余万里．中国海外商业安保企业的发展之道［EB/OL］（2015-12-08）［2016-07-
11］．http：//www．charhar．org．cn/newsinfo．aspx？newsid=10225.

153．曾令良．现代国际法的人本化发展趋势［J］．中国社会科学，2007（1）：89-103.

154．张爱宁．国际人权法的晚近发展及未来趋势［J］．当代法学，2008（6）：59-65.

155．张丹丹，孙德刚．中国在中东的领事保护：理念、实践与机制创新［J］．社会科学
文摘，2019（10）：37-39.

156．张惠德，陆晶．国家主权相对性：外国人管理的理论依据［J］．中国人民公安大学
学报（社会科学版），2012，28（6）：93-98.

157．张杰．"一带一路"与私人安保对中国海外利益的保护：以中亚地区为视角［J］．
上海对外经贸大学学报，2017，24（1）：41-53.

158．张曙光．国家海外利益风险的外交管理［J］．世界经济与政治，2009（8）：6-12

+3.

159. 章雅荻."一带一路"倡议与中国海外劳工保护[J].国际展望,2016,8(3):90-106+146-147.

160. 章雅荻.海外中国劳工保护制度的演变与未来展望:基于历史制度主义视角的分析[J].华侨华人历史研究,2022(1):45-53.

161. 赵可金,李少杰.探索中国海外安全治理市场化[J].世界经济与政治,2015(10):133-155+160.

162. 政部应急管理平台项目考察团.美国、加拿大应急管理工作及其启示[J].中国民政,2008(6):34-36.

163. 中华人民共和国商务部.中国对外投资合作发展报告2017[R/OL].(2017-12-01)[2021-05-23].http://fec. mofcom. gov. cn/article/tzhzcj/tzhz/upload/zgdwtzhzfzbg 2017. pdf.

164. 中华人民共和国商务部.中国对外投资合作发展报告2020[R/OL].(2021-02-03)[2022-03-07].https://www. gov. cn/xinwen/2021-02/03/5584540/files/924b9a95d 0a048daaa8465d56051aca4. pdf.

165. 中华人民共和国文化和旅游部.2016年中国旅游业统计公报[R/OL].(2017-11-08)[2022-08-18].https://zwgk. mct. gov. cn/zfxxgkml/tjxx/202012/t20201215_919598. html.

166. 中华人民共和国文化和旅游部.2017年全年旅游市场及综合贡献数据报告[R/OL].(2018-02-06)[2020-07-12].https://zwgk. mct. gov. cn/zfxxgkml/tjxx/202012/t20201204_906468. html.

167. 中华人民共和国文化和旅游部.2020年度全国旅行社统计调查报告[R/OL].(2021-04-16)[2023-04-07].https://zwgk. mct. gov. cn/zfxxgkml/tjxx/202104/t20210416_923778. html.

168. 中华人民共和国中央人民政府.中华人民共和国领事保护与协助条例[R/OL].(2023-07-13)[2024-01-05].https://www. gov. cn/zhengce/content/202307/content_6891760. htm.

169. 中华人民共和国驻阿拉伯埃及共和国大使馆.中国领事保护和协助指南:2015年版[R/OL].(2016-08-14)[2020-04-10].http://eg. china-embassy. gov. cn/chn/lsfw/20180513/201805/t20180522_7280314. htm.

170. 钟龙彪. 当代中国保护境外公民权益政策演进述论[J]. 当代中国史研究,2013, 20(1):45-52+124-125.

二、英文参考文献

1. CAA. Anti-Chinese rhetoric tied to racism against Asian Americans stop AAPI hate report[EB/OL]. (2020-06-17)[2020-07-28]. https://stopaapihate. org/2020/06/17/anti-chinese-rhetoric-tied-to-racism-against-asian-americans/.

2. CARTER B E,et al. International Law[M]. New York:Apsen Publisher,2003.

3. DUCHATEL M,et al. Protecting China's overseas interests:the slow shift away from non-interference[M]. Stockholm:Stockholm International Peace Research Institute Policy Paper,2014.

4. ENGBRECHT S. America's private army:inside the business of private arms dealer [M]. Lincoln:Potomac Books,2011.

5. FRANKLIN W M. Protection of foreign interests:a study in diplomatic and consular practice[M]. New York: Greenwood Press,1969.

6. HEATH T R. China's pursuit of overseas security[M]. Santa Monica:The RAND Corporation,2018.

7. International Labour Organization. ILO report 2004[R]. Geneva:ILO,2004.

8. International Organization for Migration. World migration report[R]. Geneva:IOM,2022.

9. KOSER K. Protecting the rights of migrant workers[M]// CORTINA J, OCHOA-REZA E. New perspectives on international migration and development. New York:Columbia University Press,2013:93-108.

10. KRASNER S D. Defending national interest:raw materials investments and U. S. foreign policy[M]. Princeton:Princeton University Press,1981.

11. LEO S. The rise of China and the Chinese overseas:a study of Beijing's changing policy in Southeast Asia and beyond[M]. Singapore:The ISEAS-Yusof Ishak Institute,2017.

12. McCOY T. Analysis of the reasons why the conviction of Blackwater Company has little influence on the "shadow army" in the United States[N]. The New York daily news,2015-10-24.

13. McVEY R. The materialization of the Southeast Asian entrepreneur[J]. Southeast Asian capitalists,1992(1):7-34.

14. MERCER J. Anarchy and Identity[J]. International organization,1995,49(2):235.

15. NYE J S Jr. Redefining the national interest[J]. Foreign affairs,1999,78(4):22-35.

16. PARELLO-PLESNER JONAS,DUCHATEL M. China's strong arm:protecting citizens and assets abroad[M]. London:The International Institute for Strategic Studies,2015.

17. ROBERTS I. Satow's diplomatic practice [M]. California: Oxford University Press,2009.

18. SAMMUT M A. The law of consular relations:an overview[M]. St Albans:XPL LAW, 2011.

19. SHEA D R. The calvo clause[M]. Minneapolis:University of Minnesota Press,1955.

20. TAHA N,MESSKOUB M,SIEGMANN K A. How portable is social security for migrant workers? A review of the literature[J]. International social security review,2015,68(1): 95-118.

21. TROCKI C. Boundaries and transgressions:Chinese enterprise in eighteenth and nineteenth-century Southeast Asia[M]. New York:Ungrounded Empires,1997.

22. ULLMAN R H. Redefining security[J]. International security,1983,8(1):129-153.

23. World Bank. COVID-19 crisis through a migration lens:migration and development brief 32[R/OL]. (2020-04-01)[2023-12-01]. https://documents. worldbank. org/en/publication/documents - reports/documentdetail/989721587512418006/covid - 19 - crisis - through-a-migration-lens.

24. World Bank. Migration and remittances factbook. [R/OL]. (2016-02-22)[2022-03-05]. https://www. worldbank. org/en/research/brief/migration-and-remittances.

25. World Health Organization. Weekly epidemiological update on COVID-19-4 January 2023[R/OL]. (2023-01-04)[2023-05-11]. https://www. who. int/publications/m/item/weekly-epidemiological-update-on-covid-19---4-january-2023.

26. ZERBA S H. China's Libya evacuation operation:a new diplomatic imperative:overseas citizens protection[J]. Journal of contemporary China,2014,23(90):1093-1112.

后　记

　　随着我国改革开放的推进，尤其是共建"一带一路"倡议的实施，中国公民、法人融入全球的进程正在加速，但21世纪以来，国际环境走势复杂、多变，经济增长乏力、地缘政治博弈以及种族纠纷和宗教冲突多发等因素交织叠加，尤其是2020年新冠疫情的全球蔓延，极大地影响了中国公民和法人海外权益的维护。正是基于这样的判断，本书研究团队成功申请到国家社科基金重点项目"海外中国公民权益保护机制研究"，并进行了扎实的调研和深入的学术研究。其一，充分梳理、利用国内外相关研究成果，这在绪论中有概述。其二，开展田野调查，注重对中国驻外使领馆、海外侨社的调研和对侨领的访谈等。新冠疫情暴发前，研究团队先后赴英国、法国、意大利、荷兰、马来西亚、印尼、南非、厄瓜多尔、智利和秘鲁等十多个国家进行田野调查和访谈；通过对数十个侨团组织发放调查问卷，分析其在发挥整合功能与互动效应方面的成效及存在的问题。新冠疫情期间，通过线上调研方式，如发放电子问卷、电话或视频访谈，了解留学生领事保护工作的成效。其三，到全国人大外事委员会、外交部领事司、国务院侨务办公室等部委及主要地方外事和侨务部门进行调研，收集资料，了解地方外事工作最新动态。在此，特向为本书撰写提供帮助的国内外相关机构、国内外相关领域的学者、海外华侨华人致以谢意！

本书系探讨海外中国公民权益维护机制的著作，全书的总体构思、撰写框架、写作提纲和统稿由陈奕平负责。具体分工如下：绪论，陈奕平、程晓勇、许彤辉；第一章、第二章，陈奕平、许彤辉；第三章，洪凯、李杞容、郑沁怡；第四章，黎海波；第五章，刘波；第六章，章雅荻；第七章，陈奕平、叶上源；结语，文峰、陈奕平、王琛。陈凤兰、赵子琴参与了海外中国公民权益维护侨团机制一章的撰写，该章因故未能收入，特此致歉。在此，对参与本书撰写的各位成员以及参与排版和注释统一的曹锦洲、李舒婷、王迁迁、陈一恒表示感谢！

最后，要说明的是，由于海外中国公民权益维护涉及的主体、对象、国别、领域较多，书中部分内容写成于不同时期，加上个人水平方面的限制，本书中疏漏和错误在所难免，敬请各位专家同仁批评斧正！

陈奕平

2023 年 12 月

于广州·暨南园